生活之美

刘悦笛 著

时代出版传媒股份有限公司
安徽文艺出版社

果麦文化 出品

目录

导语

为华夏生活立“美之心”

当今中国社会与文化的变迁、民众对美好生活的追求，构成了生活美学得以兴起的历史背景。我们所追求的美好生活应该包括两个维度：一个就是“好生活”，另一个则是“美生活”。好的生活是美的生活的现实基础，美的生活则是好的生活的升华。好的生活无疑就是有“质量”的生活，而美的生活则是有“品质”的生活。

生活美学就是要以“美生活”来提升“好生活”，以有品质的生活来升华有质量的生活，并对人民大众进行生活美育的普及。生活美育是生活美学的逻辑推演，生活美学通过生活美育得以落实。如今，越来越多的从事茶道、花道、香道、汉服复兴、工艺民艺、非遗保护、游戏动漫、社区规划等领域工作的人士，都积极融入生活美学的潮流中，并在各地传播着美学美育观念。

实际上，“生活美学”不仅是一种关乎“审美生活”之学，而且更是一种追求“美好生活”的幸福之道。前者之“学”是理论的，后者之“道”则是践行的，二者合二为一，这就是美学上的知行合一。

整个东方美学，从根源上来说也是一种“生活美学”。东方美学不仅是可“知悟”到的人生智慧，更是诉诸“践行”的现世传统。这是由于西方美学曾经更关注艺术，东方美学却早已聚焦生活。有趣的是，“东方美学”这个词却不是东方人提出的，法国历史学家雷纳·格鲁塞1948年在《从希腊到中国》中最早用过，而后才有东方对自身美学传统的“自觉意识”，由此，也形成了最初的“比较意识”，一说“中国美学重‘形’，日本美学重‘色’，而韩国美学重‘线’”。实际上，真正连纵起整个东方美学的内核乃为“生活”,它们皆为一种倡导生活化的“生活美学”。

东方生活美学关注审美与生活之间所具有的“不即不离”的亲密关系，注重在日常生活中体味生活本身的美感。中国的“生活美学”就是一种可以代表东方传统的、始终未断裂的生活传统。中国古典美学作为最“原生态”的生活审美化传统，形成了一种忧乐圆融的中国人的生活艺术。

审美与生活的不即不离，就是一种既不亲近亦不疏远的关联。中国生活美学，就是强调审美与生活之间如此的关联，这里的“生活”，乃是中国人自己的“生活”；这里的“美学”，也是中国化的“美学”。

生活乃是“生”与“活”的合一，生与活有别，生只是生物性的，动植物均有生，但只有人才能活。每个人都要“生”，皆在“活”。在汉语的语境里面，“生”原初指出生、生命以及生生不息，终极则指生命力与生命精神，但根基仍是“生存”。“活”则指生命的状态，原意为活泼泼的，最终指向了有趣味、有境界的“存在”。明末清初著名画家石涛所说“因人操此蒙养生活之权”当中的“生活”，正是此义。中国人所理解与践行之“生活”，所言说的就是鸢飞鱼跃那般的存在，有着鲜活的内涵与践履途径。

人们不仅要“过”生活,要“活着”,而且要“享受”生活,要“生存”。按照法国哲人列维纳斯的主张,在西方世界,对古人来说,存在指的是“事物”;对现代人来说,存在指的是“最内在的主体性”;对当今的人们来说,存在指的则是“生活”,也就是一种与自身、与事物的直接私密关系。在此意义上,中国人其实早就参透了生活的价值,自古至今都生活在同一个现世的“生活世界”当中,而不执着于此岸与彼岸之分殊,这就是中国人的大智慧。

人们不仅过日子,而且还在“经验”着他们的生活,绝大多数人的生活是始终不离于感性的。列维纳斯还说过,所有的享受都是“生存的方式”,但与此同时,也是一种“感性”存在。“美学”这个词原本就是感性的意思,美学作为学科之本意就是“感性学”。在中国,却将“感”学之维度拓展开来,从而将之上升到“觉学”之境,而这“感”与“觉”两面恰恰构成“不即不离”之微妙关联。因此,中国的“美学”,不仅是西学的感性之学,而且更是一种感性之智。

“生活美学”之所以指向了“幸福”的生活,是因为过生活就是享有生活,并去寻求生活的幸福与幸福的生活。幸福本身就是一个美学问题,而非伦理问题。自古至今的中国人,皆善于从生活的各个层级当中来发现“生活之美”,去享受“生活之乐”。中国人的生活智慧,就在于将“过生活”过成了“享有生活”。也正因为如此,中国的美学在现实的生活世界中得以生长,它本然就是一种活生生的“生活美学”。

在这个意义上,生活美学(抑或东方生活美学)不囿于西方的感性之学,而更是感性之智。美学恰恰关乎“幸福”的追求,并致力于让人们的生活过得美好。“生活美学”既是一种研究幸福之学,也是一种实现幸福之道。

既然中国古典美学从本源上说就是一种“活生生”的生活美学，在这个根基之上，中国美学可以为当今的全球美学贡献出巨大的力量，因为我们的“美学传统”就是生活的，我们的“生活传统”也是审美的。我们当代的“生活美学”建构也需以中国古典美学为根基，形成一种古与今的“视界融合”。

“生活美学”中蕴含着华夏传统的生命意识、生活观念和人生追求脉络：一方面本然地呈现出摇曳生姿的古典生活现场之美，另一方面又指向了其来路、走向和转化的可能性。这就需要当今中国的美学研究者，一方面积极地参与到与国际美学界的最新交流当中，另一方面又回到本土去挖掘中国古典“生活美学”的资源。

中国古典生活美学涵摄了“自然化”（性）、“情感化”（情）和“文化化”（文）三个基本的维度，这就非常全面地覆盖了从生理的、情感的到文化的诸种生活，其基本问题意识便是探讨如何实现审美化的生活，由此生成一种忧乐圆融的生活传统。这里的美学就不再是聚焦艺术的“小美学”，而是融入生活的“大美学”。

“大美学”主张让美学真正回归到其得以自然生长的生活大地之中。当我们在找回中国人的生活美学传统时，就是要为中国人的生活立“美之心”。通过天时之美、地缘之美、人貌之美、饮茶之美、长物之美、栖居之美、游览之美、文人之美和人格之美这九大方面，中国人的生活美学大智慧可以被深描出来。这些生活审美化的传统，其实都是“活着的”传统。中国文化传统之所以延续至今，是因为生活的传统从未中断，审美的传统从未中断。“生活美学”就是这未断裂传统中的精髓所在，或者说，就是这传统之“感”与“觉”的精髓。

中国既是“礼仪之邦”，也是“美善之国”。“生活美学”也必然在承继“礼乐相济”的华夏悠久传统中扮演着重要角色，而且正在实现着其历史使命。

总而言之，我们要找回“中国人”的生活美学，就是为中国生活立“心”，但所立之心不是一般的心，而是“美之心”，从而重建文明中国与中国文明的感性内核！

天时之美

我们就生活在“天之美”中。

庄子曾有句名言——“天地有大美”。天之美,实乃一种“大美”!

于是乎，我们就活在天之“大美”当中。对我们的日常生活而言，天气无所不在，也无时不在，甚至在我们出门的时候，天气之“气”就被吸入我们的体内。

所以，天气之美，才是与我们的生活最切近的“生活之美”。

那么，天气如何成就出“美”呢?我们每日每夜都在感受天气，但是如何审美化地体会到它的美感呢?

庄子赞美天地之美，那句原话便是:“天地有大美而不言，四时有明法而不议，万物有成理而不说”(《庄子·知北游》);孔子也说过:“天何言哉?四时行焉，百物生焉，天何言哉?”(《论语·阳货》)如此的大美，用来形容天气之美，似乎再合适不过了，但无论是孔子还是庄子皆关注天之“不言”。

大自然自身，从来不言说，无论人在或不在，它就在这里，的确有其大美，且自不言也!人才是那个真正的言说者，人能言说天之美何在，但是相形天的无言，默默地奉献大美，人的言说又何等渺小呀!

自从人类依凭进化的力量，在这个璀璨的蓝色星球上登场，人类就对自然进行着改造，这样的自然就成了所谓的“人化的自然”。

我们都知道，自从工业革命之后，随着工业废气释放量的增加，地球的大气结构被改变了。2015年夏天，我曾经在美国加州克莱蒙参加第十届“生态文明国际论坛”，遇到不少致力于生态保护的各国人士，他们其实对如今地球的生态系统忧心忡忡，认为海洋的酸化已经到了不可逆转的程度，就连播种的种子都已变得基本一致，从而违反了本就大小不一的“种子伦理”。

其实，早在工业革命开始之前，整个地球的大气就被人类深刻地改变了，这是人们所遗忘的人改变天气的历史。人类的“刀耕火种”曾首度大规模地破坏了森林，影响了气候，而其后又作用于人。

在新石器时代乃至更晚的时代，“刀耕火种”就成了能迅速满足人类生存并向自然索取资源的方式，也就是在初春使用石刀、石斧等砍倒山间树木，然后在春雨来临前放火烧尽所有山林，树木被燃尽后可以当作肥料，第二天趁土热下种，经过火烧的土地因变得松软而不用翻地。

这是一种一劳永逸的耕作方法，利用地表草木灰做肥料，这样播种后就不用再施肥，也不用再做任何田间管理了。这不像后来人类用手农耕的时间较长，当时的人类倒可以利用这些做农活的时间去狩猎小型动物或者圈养家畜。

然而，问题来了！问题就出现在刀耕火种所具有的“短期性”（时间上的）和“扩大性”（空间上的）。

一般规律就是两三年之后，被刀耕火种后的大地之土肥就已枯竭殆尽，基本就不能再种植了。人们通过积累经验，认识到了这一点，所以懂得土地轮休规律的本土汉人甚至采取一年一休的方式。如果时间上不再允许，那就只能在空间上加以拓展。所以新石器时代的人类就不得不开疆拓土，寻找新的林地继续进行耕作，而不是在原地种地。这就需要相当多的土地和山林来养活这批人。尽管我们无法精确估算多少亩地能养活一个人，但显然这绝不是一种经济化的耕作方式，原始生产力也只能如此。农业的进步就是建基在用越来越少的地来养越来越多的人，当今水稻种植技术的翻新就是顺应此道。

由此，人类对地球的第一次大污染也就出现了，在农业文明之前，耕作方式造就了这“第一次”。

今天人们常说的人为的“二氧化碳污染”，并非更多由自然山火导致的，而是可以追溯到那个时期的人类所为。因为，以林木的灰作为农作物的肥料的方式，乃是一种非常低效的方式，一片树林被燃尽后就只能再寻找下一片树林进行焚烧种植。随着这种技术的普及和扩大，也就能够以食物养活更多的人口。

但悖论又出现了：人口的增多，势必要烧更大面积的森林。一般而言，并不是每次烧了树林的土地都可以用于耕作，而是要烧尽比实际种植面积大五倍的森林，这就造成了巨大的环境污染，进而改变了地球的气候。

实际上，人盘剥地球并不是呈现出由低向高的直线发展。在精耕细作的农业技术发展之后，人类就不必大量烧山了，人类对大气的影响在新石器时代后应该说是变小了，不过今天“烧荒”的行为仍在大江南北存在着，也时常影响着秋季周边的小气候。150年前的工业革命，乃是这个曲线突然变直的时期，因为越来越大规模地使用化石燃料后，二氧化碳的增多，导致了新一轮的地球变暖，我们正处于这个历史阶段当中。

正是在人与自然的这种初步关联当中，人对自然产生了最初的审美意识，为什么这样说呢？

随着原始人类与自然抗争的深入，他们进一步掌握了自然规律如天气改变的规律，天气成为人们远离功利性的审美对象，而不只是令人恐怖的巨大存在。整体步入农业文明的人类发展阶段，天气之美就逐步地彰显出来。中国人所感受与创生出来的“天之美”，主要就是农业文明所塑造的结果。

在高度依赖天气与土地的农业文明生发之后，中国古人谈天论地，却并不是从大自然谈起，而往往从圣人说起：“圣人作则，必以天地为本，以阴阳为端，以四时为柄，以日星为纪，月以为量，鬼神以为徒，五行以为质，礼义以为器，人情以为田，四灵以为畜。……人情以为田，故人以为奥也。”（《礼记·礼运》）按照这种世界观，圣人制定法

从战国时代的白玉双龙云纹佩可见传统审美“人天相合”的本土传统

则，以天地为本源，以阴阳为发端，以春夏秋冬为握柄，以太阳星星为纲纪，以月亮为度量，以山川为徒属，以五行为实质，以礼义为器具，以人情为田基。

其中，把“人情”当作田地，这个规定就非常有意味：圣人以情为本，由此就成了田地的奥主。既然这种人之“情”所走的是血气心知之路，所以就要以人情做田，从而来耕之、种之、耨之、聚之与安之。

中国人这种与天地自然之间的“深情款款”，便与人类的审美意识内在地相通了。中国人早就参悟天与人合体的智慧，明白人在天地之中所处的核心地位，毕竟感受天之变动的便是人，而人才是一种顶天立地的存在，这使中国人在各个文明当中对于人的彰显都显得那么突出。

实际上，中国古人早就“仰则观象于天，俯则观法于地”了，在俯仰之间观天法地。

古希腊人亦较早地观天看地。第一批科学家兼哲学家就诞生在米利都，这批人被称为“米利都学派”。我曾经到米利都瞻仰过，当时内心的问题就是：为何这些古希腊人能在天地之间观出“哲学”呢？

后来这个迷惑很快就被解开了，去过米利都后来到另一座古城普里内，我突然发觉，自己与最早的哲人们有那么一点灵犀相通。直面碧绿的门德雷斯河三角洲，远方一线蔚蓝的爱琴海，还有浮在海面上的一层雾霭，我突然顿悟到：为何米利都学派哲人，将水、无限和气视为始基，这不正是来自他们在生活中所见的抽象吗？三角洲的土、海与河上的水，还有空中的气，不正是他们哲学智慧的自然之源吗？这种人类最早的哲思，就力求万物归一，中国人何尝不是如此呢？！

中国人的农书当中早就记载了此类的“实用理性”智慧，它一定是出于农耕的目的而滋生出来的。所谓“万物因时受气，因气发生，时至气至，生理因之”（《农书 · 天时之宜篇》），此处的“生理”乃指生长繁育之理。在“天—地—人”的架构当中，烟云乞于天，山川乞于地，性灵乞于人，无论中国人是如何地尊天亲地，最终还是重人本身的。

按照一种本土的气化宇宙观，人与天合，物乘气至。从这个宇宙化的一气到每个人的喜怒哀乐，中国人的确参透了其中的本然关联，“喜怒哀乐，一气流行，而四者实与时为禅代，如春过了夏，秋过了冬，冬又春，却时时保个中气，与时偕行”（《刘子全书 · 学言》）。好个喜怒哀乐！好个春夏秋冬！它们不仅是相通的，而且是与时俱进的，但中气随四季运转而不变，“自喜怒哀乐之存诸中而言，谓之中，不必其未发之前别有气象也”（《刘子全书 · 学言》），一气与中气都有着和谐共振的天人节奏。

同时，还有一种阴阳互动的思想，在儒家、道家乃至其他诸家当

秦朝云纹瓦当的卷云纹理中蕴藏着“阴阳和谐”之审美智慧

中都普遍存在，到了荀子那里，“天地合而万物生，阴阳接而变化起，性伪合而天下治”（《荀子 · 礼论》），从天与地、阴与阳到性与伪都是贯通起来的，且两方面乃是动态地互动与和谐地互补的。

季节的变化，也被归之于天地阴阳互动的结果：“季春三月，丰隆乃出，以将其雨。至秋三月，地气不藏，乃收其杀，百虫蛰伏，静居闭户。青女乃出，以降霜雪。行十二时之气，以至于仲春二月之夕，乃收其藏而闭其寒。女夷鼓歌，以司天和，以长百谷禽鸟草木。孟夏之月，以熟谷禾，雄鸠长鸣，为帝候岁。是故天不发其阴，则万物不生；地不发其阳，则万物不成。天圆地方，道在中央。”（《淮南子 · 天文训》）

再据董仲舒的宇宙观，“天地之气，合而为一，分为阴阳，判为四时，列为五行”（《春秋繁露 · 五行相生》）。质而言之，无论是道家的自然一气论，还是儒家的道德一气论，皆形成了华夏气化宇宙观的底色，在此基础上形成了气化和谐的深度美感意识。

既然按照自古至今的中国智慧，人与天气“通”，那么在此根基上，天气就可以成就出“美”来。

美国作家和思想家爱默生也深契这种天人智慧，他曾在《自然》这篇名文当中如此描述“天气之美”：“热爱自然的人是这样一种人：他的内在和外在感觉仍在真正地相互调节，他在成年以后依然童心未泯，他每天的粮食就是同天体和大地进行交流。在自然面前，他总感到有一股癫狂和快乐流经全身，尽管他可能正处在极大的痛苦之中。自然说：他是我创造的，无论他有什么悲痛，都是不适当的，都应该和我一起快乐。不仅只是太阳和盛夏，即使每个小时、每一季节也会产生它的快乐，因为每一小时，每一变化都对应和主宰不同的心境，从闷不透气的正午到最恐怖的午夜，概莫能外。自然这一背景既适应滑稽，又适应悲哀。在身体健康时，空气是一种难以置信的兴奋剂。暮色苍茫中，当我在乌云笼罩的雪地中翻滚不毛之地时，尽管没有想到什么特别的好运，我却还是在痛痛快快地呼吸。”[1]

所以我们才说，天气的变化，竟是如此微妙，从季节之变到时刻之变，从闷热的正午到恐怖的午夜，从乌云笼罩到大雪满地，无不与身处其中的人的“心境”相系。我们不仅在其中呼吸，而且就置身于现场的大气压强、湿度、温度之中，从而形成了“身心合一”之情，同时也成为“天人相合”之境。

中国古人以合天之心来感悟天气的美丽之所在——“当雪夜月天，心境便尔澄澈；遇春风和气，意界亦自冲融。造化人心，浑合无间”（洪应明《菜根谭》）——这便是人心与天心的合一。

从客观的角度看，随着天气的变化，气还要呈现为一定的“貌”，正如《说文》区分出气的黑白之色别，上升为雨呈白色，散而为风则呈黑色。这“在天为气”之气，必有各种样貌，中国古人究竟如何划分的呢？所谓“风、热、湿、燥、寒”（《素问 · 天元纪大论》），这是五分

1 【美】爱默生：《爱默生散文选》，姚暨荣译，天津：百花文艺出版社1995年版，第4页。

中国古代纹样当中出现的各种云纹，恰是古人观天而总结出来的审美变化多端之结晶

法；还有一种区分为六的："天有六气……六气曰阴、阳、风、雨、晦、明也"(《左传·昭公元年》)，这就形成了我们今天所说的"气象"。

为什么这样说"气象"呢？气象，因气成象，却与天气不同。我们对天气的感知，绝不是仅仅诉诸视觉的，想一想山雨欲来前的那种大气压强与湿度，你就会知道，对于天气，人是全身心投入其中的，而不是因视见象。况且，"气象"这个词，还用来形容人与社会，比如说古人所说的圣人气象，今人所谓的大家气象，还有社会气象的用法（如气俗、气尚、气脉），而"天气"这个词就仅指天而不指人，应该不会产生异议。

所以说，"天气美学"所指向的就是天之美，与人相通，这就要比"气象美学"更为合适。

天之美，对人而言，似乎呈现为无限的，乃是"最高"的美，因为天高地远嘛。前面提到的米利都哲人们，他们既抵御住了东方神秘主义诱惑，又没有受到俄耳浦斯教的影响，将古希腊神话当中的阿波罗所象征的光明与理性发扬光大。但是，与米利都相距甚近的萨摩斯岛深受神秘教化，其中的一位最著名的岛人就是毕达哥拉斯。

这位被视为西方数学鼻祖人物的毕达哥拉斯及其所形成的学派，认为宇宙在歌唱，不同星球沿着轨道以固定速度运行，从而产生各种和谐的音调和旋律。各行星与我们星球之间的距离，就像琴弦的弦长一样成比例，从而奏出美妙的天体音乐，为此，还生生造出一个“对地星”，以完成数字和谐的完整。这种宇宙美学更是无框的，这里所说的行星运作还只是太阳系，目前人类所探索的宇宙仍是无垠的，让人滋生一种“理性神秘”之感。天气之美还是有限的，因为它毕竟还属于地球上的美学形态，但我们每个人只是宇宙里的一粒尘埃，地球也是。

天气之美，与任何一种“人工之美”都不同，它具有自身的不可替代的特质。

第一，天气之美本身是“自然而然”存在的，它所构成的美自然，就在那里，与时协作，自然化生，从而不具有任何人工性质。

第二，对天气之美的感受，植根于人们的“自然生活”，乃是我们几乎日日、时时、处处能感受的自然美。

第三，对天气之美的投入，绝不仅仅依赖于耳目，而是要我们“全身心”地投入其中，也就是置“身心”于天气之中，而不能超乎其外。

第四，天气之美，正如自然本身不是风景画或山水画一样，它是没有框子的，也就是有“无框架性”，从而接通无限的宇宙。

第五，天气之美从来就不是静态的，没有“不动”的天气之美，它随时而变，千变万化，春夏秋冬，朝暮晴雨，与时俱进。

无论如何，最重要的规定，还在于人与天气之合。自然也不是那个外在的“它”，我们就置身其中。反过来说，天地对于人来说，概莫能外。那么，介入其间的审美，也是全身心投入的，因为你整个身体及感官都浸渍其中。从这个意义上说，不仅天之美乃是“至大之美”，而且人对天之美感的方式也是一种“全方位”的审美。

与此同时，我们所说的天气之美还是一种“天时之美”。

谈到“天时”，其实就是把时间要素纳入天气之内。众所周知，天

从梅清《黄山图轴》所描绘的黄山云海，可以体会『一气』充塞天地的样貌

气就是在变化当中，所谓天时也就是出于自然运行的时序，从而指向了一种中国人所谓“天道”运行的规律。

天气之美，美在变化。中国人常说风云变幻，所谓“地载神气，神气风霆，风霆流形，庶物露生”(《礼记 · 孔子闲居》)，风雨雷霆皆为流动变幻的，万物也在这流变当中得以显露与滋生。天气本身就具有这种易逝性与变动性，这就为中国人的“伤春悲秋”提供了最大的自然舞台。

春夏秋冬的“四季”或“四时”之美，油然而生。

“天地之道”者，“谓四时也，冬寒、夏暑、春生、秋杀之道。若气相交通，则物失其节。物失其节，则冬温、夏寒、秋生、春杀”。(《周易正义》) 这冬寒、夏暑、春生、秋杀之铺陈与交替，就是绝妙的四时描述。

自古至今，四季变换，中国人都在发出两种时间感喟：一面是对春夏秋冬循环不已的感喟，另一面则是对时间一去不复返的感喟。这是由于，“古代中国一方面存在循环史观，另一方面存在天地间万物来去，光阴一去不复返这种直线性时间的概念。天地（自然）是永远的，一直存在于那里，时间无始无终。但是，万物（所有个物）出现然后消失，人生不会反复。就连某年桃花园的春夜（时间线上的一刻）一旦逝去，就不会再回来。一次，这一刻等于‘现在’，非常宝贵”。[1]

这里提到的“桃花园”，乃是李白的那首《春夜宴从弟桃花园序》里面的，其中那句“天地者万物之逆旅也，光阴者百代之过客也”，恰恰说明直线性时间观在中国的存在，但是不同于古希腊那种万劫不复的时间观。在中国时间观里，“古人秉烛夜游，良有以也”，则说明时间上的“这一刻”亦即现在，不会反复，这不同于中国历史时间的那种循环

1 【日】加藤周一：《日本文化中的时间与空间》，彭曦译，南京：南京大学出版社2010年版，第7—8页。

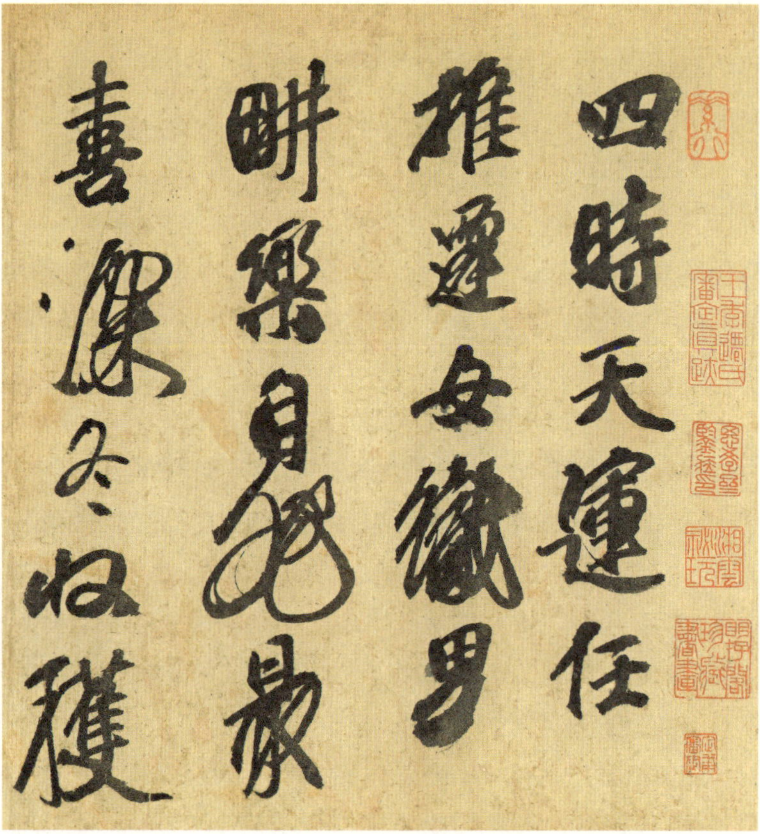

顾禄《四时天运贴》题诗云“四时天运任推迁，女织男耕乐自然”，展现出一种农业文明之美

史观，但春夏秋冬又形成了一种日常时间的循环，只不过我们都要随着循环而老去罢了。

四季不仅是自然化的，在东亚已经被文化化了，这就形成了所谓的“四季文化”。这种四季之所以能成为文化，是因为四季被赋予了文化功能。这种功能分为几类，一类是符号化或象征化的，四季被视为与文化相关的符号，比如作为人格象征的梅、兰、竹、菊分别对应着冬、春、夏、秋。一类是仪式化的，比如日本兴盛的四季“花道”就是如此，插花被作为一种仪式化的文化行为过程。还有一类则是人际交往性的，不同季节也要送不同的花，不同的花也有不同的季节意蕴，从而形成一种优雅的人与人交流的方式。

在华夏文明内部，这种四时审美积淀到了明代，明代生活美学家高濂在《遵生八笺》当中所说的四时幽赏，大概是集大成地总结了国人的四时审美。

以“冬时幽赏”十二条为例，就有“湖冻初晴远泛”“雪霁策蹇寻梅”“三茅山顶望江天雪霁”“西溪道中玩雪”“山头玩赏茗花”“登眺天目绝顶”“山居听人说书”“扫雪烹茶玩画”“雪夜煨芋谈禅”“山窗听雪敲竹”“除夕登吴山看松盆”“雪后镇海楼观晚炊”。其中，听雪一则最清雅：“飞雪有声，惟在竹间最雅。山窗寒夜时，听雪洒竹林，淅沥萧萧，连翩瑟瑟，声韵悠然，逸我清听。忽而回风交急，折竹一声，使我寒毡增冷。暗想金屋人欢，玉笙声醉，恐此非尔所欢。”

关于“冬雪”之美，再以张岱《夜航船》当中的论“雪”为例，其中搜集的许多条目，都充满了“生活美学”之情之感。说到“欲仙去”——“越人王冕，当天大雪，赤脚登炉峰，四顾大呼曰：‘天地皆白玉合成，使人心胆澄澈，便欲仙去！’”说到“嚼梅咽雪”——“铁脚道人，尝爱赤脚走雪中，兴发则朗诵《南华·秋水篇》，嚼梅花满口，和雪咽之，曰：‘吾欲寒香沁入心骨。’”说到“神仙中人”——“晋王恭尝披鹤氅涉雪而行，孟旭见之，曰：‘此真神仙中人也。’”说到“踏

高濂《四时幽赏》由野间三竹配画的春景“西溪楼啖煨笋”与夏景“步山径野花幽鸟”

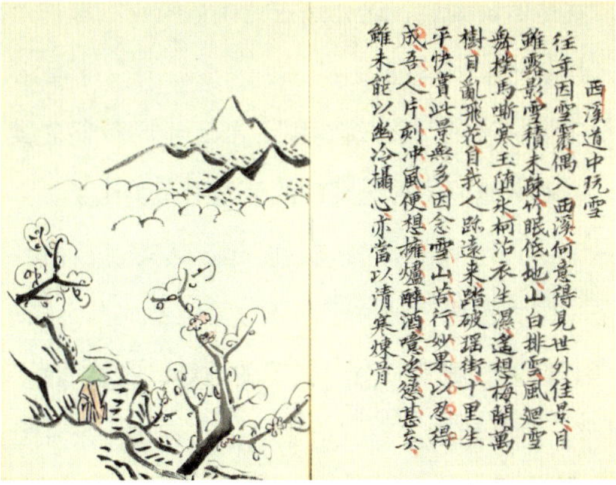

高濂《四时幽赏》由野间三竹配画的秋景“西泠桥畔醉红树”与冬景“西溪道中玩雪”

雪寻梅”——“孟浩然情怀旷达，常冒雪骑驴寻梅，曰：‘吾诗思在灞桥风雪中驴背上。’”还有“剡溪雪”中那个著名的乘兴而来、尽兴而归的故事——“王子猷居山阴，于雪夜棹小舟往剡溪访戴安道，未到门而返。仆问之，答曰：‘乘兴而来，兴尽而返，何必见戴？’”[1]

当今中国人在微博与微信当中“伤春悲秋”，其实也是继承了古人的“四时模式”。他们在微博和微信上进行“日常写作”，也好似传统文人进行书法日课一样，融入了许许多多“微公民”的日常生活程序。你会发现，圈内的女性微用户更能敏感地感受到冬去春来的季节变化，那一幅幅花开花落的图像与所配的心情文字，也好似传统水墨画里面的“书画合一”。写微博、晒心情如采取了文学的春秋笔法，实际上更接近古代文人撰写日常性的诗歌来抒怀。不是踏花伤春，就是夏日消暑；不是远足悲秋，就是冬日幽居，这亦是古诗中最常见的题材了，中国人的四时审美传统其实从未中断过。

农业文明中更标准的“天气之美”，非二十四节气莫属了。爱美恋情的中国人，早就把他们生活于其中的节气给审美化了。

我们就从二十四节气的开端立春谈起。其实立春并不是农历新年的开启，但是中国人更愿意把“正月”放到立春时节，似乎由此而发，一切都开始了。这仍然离不开对“气”的理解，由此《月令》中也说：“立春，正月节。立，建始也。五行之气，往者过，来者续。于此而春木之气始至，故谓之立也。”“春木之气始至”，才能使春得以“立”，似乎一年的真正起点就在此。所谓“风来传消息，枝头晾春衣。江河水乍暖，静心待花期”，立春之后，美丽的世界就即将来临了。

立春三候，吹来的风都不一样了，因为所“至”的乃是东风，作为春风的东风，最令人感到惬意了，“便觉眼前生意满，东风吹水绿参差”（张栻《立春偶成》）是也。中国人常讲“八面来风”，这还是从风

1　张岱：《夜航船》，杭州：浙江古籍出版社 1987 年版，第 28—30 页。

的空间而言的，又根据立春、春分、立夏、夏至、立秋、秋分、立冬、冬至的时序性的“八节”，把风区分为“八风”：立春东风至，春分明庶风至，立夏清明风至，夏至景风至，立秋凉风至，秋分阊阖风至，立冬不周风至，冬至广莫风至，这恰恰是时空合一的结果，可以说这也是“风候”使然吧。

立春之美，古人早就感同身受。“春已归来，看美人头上，袅袅春幡。无端风雨，未肯收尽余寒。年时燕子，料今宵、梦到西园。”（辛弃疾《汉宫春 · 立春日》）这更趋于文人的个人感受，但立春的活动更是群体性的观感：“彩燕双簪翡翠翘，巧裁银胜试春韶。东风已到阑干北，看见娇黄上柳条。”（方岳《立春》）在大好春光当中，不仅女人们佩以美艳重饰，而且用绢与纸剪裁的迎春幡胜迎风飘摆。

春社也是如此，那既是祭祀的时令，也是狂欢的日子。在唐代以后的春社基本被定为立春后的第五个戊日，那可是看社戏的大好时节，那渺渺戏舞美化了乡间的生活，也是一年当中最值得怀念的美的岁月。远的不说，只要想一想鲁迅的《社戏》就会有场景跃然眼前：“最惹眼的是屹立在庄外临河的空地上的一座戏台，模糊在远处的月夜中，和空间几乎分不出界限，我疑心画上见过的仙境，就在这里出现了。这时船走得更快，不多时，在台上显出人物来，红红绿绿的动，近台的河里一望乌黑的是看戏的人家的船篷。”于是，一场社戏就鸣锣开场了……

到了明代的立春之日，宦官刘若愚所记的笔记《酌中志》就有这样的生动记载：“立春之前一日，顺天府于东直门外迎春，凡勋戚、内臣、达官、武士，赴春场跑马，以较优劣。至次日立春之时，无贵贱皆嚼萝卜，曰咬春。互相请宴，吃春饼和菜。以绵塞耳，取其聪也。自岁暮正旦，咸头戴闹蛾，乃乌金纸裁成，画颜色装就者；亦有用草虫蝴蝶者，或簪于首，以应节景。”

我们看到，这样的立春呈现了一种集成之美：无论是跑马的竞技、咬春的欢宴，还是戴闹蛾的各种应景装饰，各种节庆娱乐活动被整合在一起，跑出得意、吃出满意、闹出乐意，在这情趣当中美感油然而生。赛马是今人所说的体育娱乐，在比赛当中也给人以美的视觉享受，与那种头戴各种饰物的美化其实是异曲同工的。

更有趣的是，在立春日吃春盘、春饼、春卷、春盒，还有吃生菜和萝卜，被称为“咬春”。清人所作的《咬春诗》将这种春的滋味描述得绘声绘色：“暖律潜催腊底春，登筵生菜记芳辰。灵根属土含冰脆，细缕堆盘切玉匀。佐酒暗香生匕梜，加餐清响动牙唇。帝城节物乡园味，取次关心白发新。”

“咬春”，其实呢，不就是通过咀嚼应季的食物，来品尝当时的春意吗？！中国人的“春”，是可以“咬”的，也就是嚼出春的味道、春之美意，这不就是一种由口而生发的“生活美学”吗？！

春天来了，人们也不用“猫冬”了，他们纷纷出来“踏春”“邀春”“讨春”或“探春”。这几个对待“春”的方式，所说的乃是同一个活动，也就是春季的郊游。春游或踏青，就是一种人们对春天的邀约与探求，“踏青”的说法无疑更有色彩感了。清末震钧的《天咫偶闻》曾记载老北京每年三月三蟠桃宫庙会的盛况：“地近河堧，了无市语；春波泻绿，软土铺红；百戏竞陈，大堤入曲；衣香人影，摇扬春风，凡三里余。”这便是一种节庆“生活美学”的盛景！

在这二十四节气的循环变换中，中国人就更有了自觉的宇宙生命意识，并把宇宙给音乐化了，这才是中国美学的大智慧。所谓“乐者，天地之和”，“大乐与天地同和”（《礼记 · 乐记》）。天地“流而不息，合同而化，而乐兴焉”，乐本自天，但乐也是启始：“乐著大始，而礼居成物。著不息者，天也。著不动者，地也。一动一静者，天地之间也。故圣人曰礼乐云。”（《礼记 · 乐记》）

这种天地生化的壮景被描述为“地气上齐，天气下降，阴阳相摩，天地相荡，鼓之以雷霆，奋之以风雨，动之以四时，暖之以日月，而百化兴焉。如此，则乐者天地之和也。化不时则不生，男女无辨则乱升，天地之情也”(《礼记 · 乐记》)。这就是天地宇宙本身之审美化节律，“天时之美”的华夏文化根源就在这里，这种生活美学智慧至今生生不息……

《清院本十二月令》之『二月赏桃』『三月流觞』『五月竞舟』和『十月画像』的精华呈现

地缘之美

中国人如此亲近天地，这是源于“天人合一”的传统。如果天的一重含义是指大自然的话，那么，天地都可以归属于自然。“天地自然”在如今也是个常用语。

2018 年 9 月，我参加了以“天人合一”为主题的跨学科国际论坛，与中外各国的量子物理学家、科学哲学家、脑科学家、光电科学家、医学家、心理学家、历史学家、人文学者和经济界人士的交往，令人深思这样一个重大问题——中国人历来所倡“天人合一”智慧，究竟如何得以当代转化？

我们都知道，中国人最主张天人相合，而西方人则力主天人相分，当然这是一种最粗浅的中西二分的比较看法。然而，延续了几千年的华夏合一智慧，却在西方文明的冲击当中衰微。中华文明也从合一的天人观，转向与之相反的天人对立，这种思想显然是西学东渐的产物。天人对立强调把自然作为对立力量，发展生产技术与科学技术，其目的就是征服自然，“人定胜天”甚至成为中国人的文化信念。

自工业文明之后，人类屡屡品尝天人对立的苦果，其中最重要的原因就是对自然的人为污染，因而，倡导“天人合一”的生态文明得以复苏。这就意味着，“天人合一”的智慧不仅没有过时，而且恰逢其时。如今人类面临的难题就是：在超工业时代，我们需要什么样态的“天人合一”。

这就要回过头来，考察中国传统的“天人合一”究竟分为几种类型。下面我就来归纳一下中国人的天人智慧。

第一种类型就是“天人合德”型，这是儒家的主流天人观，以孟

西周的墨玉回纹圭乃是古代重要礼器，“以青圭礼东方”的礼仪规范延承至今

子思想为代表。天人合德，顾名思义，就是天与人合于“德”。德本为人所具有，当天命也被视为具有道德意义之时，从天命到人德就是可以贯通下来的。所以，孟子强调“浩然之气”，这其实就是一种道德精神力量，当这种大丈夫之气“充塞天地间”时，就达到了天与人在道德意义上的合一。

第二种类型就是“天生人成”型，以荀子的思想为代表。所谓天生人成，亦即天成就人，人成就自己，人只能在“天职既立，天功既成”的继承上自我成就。所以与孟子认定的“性本善”不同，荀子认为“性趋恶”，所以要“化性起伪”，通过隆礼来治性。尽管荀子也论天人相分，但最终仍是追求天人相合的，并不超离于中国主流智慧之外。

第三种类型则是“天人感应”型，除了墨家的天人互动之外，汉代董仲舒结合了阴阳之说，将天加以气化，以人之形体与天象相类比，倡导天人一也，进而赋予了天人感应以彻底的政治化内涵，既然人是天之副本，人与天为同类，那么天人之间就会出现相感互动的现象。

第四种类型就是“法天循道”型。前三种类型为儒家所具有，墨家也有天人感应智慧，但最后这种主流的华夏天人观则来自道家。老子倡导“道法自然”，庄子力主“天地与我并生，而万物与我为一”。道家致虚守静，与物无对，寻求一种与万物齐一的道化境界。

在这四种基本天人类型当中，首先不能适用于现当代的就是“天人感应”型。这是由于中国古代许多“灾异”（小异常为“灾”，大异常为“异”）现象，被视为与人为政治事件及其意义是内在相通的，所谓“帝王之将兴也，其美祥亦先见，其将亡也，妖孽亦先见，物故以类相召也”。在现代科学的冲击下，这种观念显然是可以被“证伪”的。然而，中国的“天人合一”智慧确实来自更为原始的“巫史”传统。这种传统要求“绝天通地”，由此奠定了华夏文明天人观的根基，而且这种传统始终没有中断，一直延续到了当代。

实际上，“天人合德”“天生人成”与“法天循道”都可以适用于当代文明。这里面也有两个统一：一个就是孟荀统合，另一个则是儒道互补，前者是“道德天”与“自然天”的合一，后者则是“自然化”与“人文化”的统一。众所周知，儒家重人事，道家重天道，尽管儒道都不离于天人相合，但是两者之间恰恰由于侧重点不同，所以可以互补：孟荀强调人与天的人为之合，而老庄则强调天与人的自然之合，这恰恰是可以相互补充、相互交合的。

在儒道形成华夏天人观的基本架构之外，儒家内部的天人观也是可以统合的。“天人合德”乃是通过人之道德品性或者美德之完美，以达到天与人之间的和谐状态；而“天生人成”则认定，天会为人完成其功用提供材质，而人通过其内在能力的践行而得以参于天。孟子求上学而下达，以仁爱为起点，天人相通，人有其“心”。荀子则主天人相分，群而有分为起点，天行有常，人有其“治”。由此，孟荀之天，可以实现统一。

在那次“天人合一”的国际论坛上，罗马俱乐部创始人、著名哲学家拉兹洛在现场提到，在分歧的量子世界，人类该如何选择我们的命运？他强调我们要通过同理心、通过爱来加以合作，以达到世界和谐。我完全赞成。“天人合一”，其实就是人与宇宙之间的和谐共振。这种天人共和，不仅是真的合一，而且是善的合一，同时也是美的合一！

按照中国人的“三才”观念，天、地、人乃是三分的，人在天地之间，顶“天”立“地”。在世界文明发展史上，中国人在轴心文明时代，就给人以“崇高”的地位，西方到了文艺复兴才以人为万物的“灵长”。

然而，中国人对待天地的态度又是不同的。天，是要敬的；地，则是要亲的。为何中国人如此敬天而又亲地呢？难道就因为苍天高高在上，而大地就被脚踏实地地踩在脚下吗？

按照原始儒家的智慧，“天尊地卑，乾坤定矣，卑高以陈，贵贱位矣……在天成象，在地成形，变化见矣”（《周易·系辞上》）。尊贵的天高高在上，卑微的地低低在下，这倒符合天地的上下位置，但是这种高与卑、贵与贱的定位，的确违反了万物平等的原则，足见儒家的等级观念。

按照这种等级结构，乾为天、为高、为阳，坤为地、为低、为阴，这就形成了一种宇宙的基本象征。动静与刚柔的原则由此而成：动极必静，静极必动，形成常态；阳极生阴，阴极生阳，断然可知。物以类聚，人以群分，在天成就日月星辰、昼夜晦暝的现象，在地成就山川河岳、动植高下诸般的形态，这就是万物变化的规律了。

原始道家的智慧，也是深谙此道：天为阳，地为阴；但道家还讲：天乃雄，地乃雌。所谓“是故天地者，形之大者也；阴阳者，气之大者也；道者为之公”（《庄子·则阳》）。当然，庄子还是从道之为公的角度来看待天地万物的，天地是世上最大的形，阴阳则是世上最大的气，阴阳之气由此交合起来。阴阳互相辉映、互相伤害又互相调治，四季互相更替、互相生成又互相衰减，雌雄性也是彼此分开、彼此交合的，于是乎，相互为常、相互具有。

其实，这就是万物的美学，既然万物缘于地，那它所呈现的便是“地缘之美”。

这个地缘可不是客观存在的地理，而是人与地形成的亲密关联的“缘化”存在。这可以归属于尽心、知性、知天的自上而下模式，乃为从形而上向形而下落归的合一而论。

然而，这种在儒家传统中占主宰的人与天合一，乃是道德的合体，而我们所讲求的天人合一则是审美的一体化。150 多年前，那种伦理意义上的“天道”随着中国社会架构的转变而衰落，天人合“美”的潜在模式，却被显现出来，从而成为一种既可返本又能开新的活生生的存在。徐渭《坐卧房记》有云:“一室之中可以照天下，观万有，通昼夜。”这是就形而下向形而上的仰看来说的，从居于一室之我推扩到时间变化中的大千宇宙，然而，这种观照天下万有却是审美化的而非道德化的。

这两种天人观，对于中国人面对植物的“生活美学”都产生了深刻影响。但正如“美善合一”始终为华夏“礼乐文明”的主轴一般，礼是善的，而乐则是美的，中国文化始终在二者之间保持一种动态的平衡，尽管这个理性的平衡态曾经几度失衡，但是整体的平衡是毋庸置疑的。

中国往往将植物与道德内在关联起来，从而将植物道德化，同时也将道德植物化了，但是这种道德与植物又被纳入审美化的辉光之下。竹、松、梅、兰，在中国人那里早就成了所谓“道德审美化”之草木，它们往往为文人所推重。从秦汉的“比德”到后世的普泛，皆是如此。

所谓“比德说”，就是将自然物的某些特定特征比拟为人的某种道德情操。在《诗经》中这种方式已比比皆是。《秦风 · 小戎》的“言念君子，温其如玉”，就好比我们今天说某个人“温润如玉”，以美玉的温润比拟君子的宽和、顺和、柔顺之品格。《卫风 · 淇奥》的“瞻彼淇奥，绿竹猗猗。有匪君子，如切如磋，如琢如磨”，则是以淇园之竹的茂盛青翠来比拟文质彬彬的君子学问切磋得精湛，品德琢磨得良善。

如此一来，诸如植物这种自然之物的“自然属性”，也就被“人化”了，而且被进一步“人格化”了。反过来说，人的道德人格或伦理品德，也就可以外化在植物这类自然之物中，从而使其变得“属人”了。如此看来，自然之美就在于其所比拟的道德品格，自然之美并不在自然本身的深度，而在于伦理情操的高度。

如今人们熟知的“岁寒三友”说，说的无非就是松、竹经冬不凋，梅耐寒而放，其实来自宋人林景熙的《王云梅舍记》:“即其居累土为山，种梅百本,与乔松修篁为岁寒友。”这也是来自审美栖居的“生活美学”，后来逐步进入了中国人的民俗生活之中。

明人《渔樵闲话》也说得好:“那松柏翠竹，皆比岁寒君子，到深秋之后，百花皆谢，唯有松、竹、梅花，岁寒三友。”北宋画家文同善画竹，堪称墨竹大师，他曾画梅、竹、石并题:“梅寒而秀，竹瘦而寿，石丑而文，是三益友。”梅、竹、石，这三位友人与松、竹、梅差了一位，却皆可傲凌风雪而不畏霜寒。

在以道德为美之外，以美为美，那是自然的存在。春是万物复苏的季节，春花之美，往往由于美之本身，而并未指向外在的伦理。那时没有了秋冬的严酷，文人的情操往往要面对苦难之世，在秋冬挺立的草木更易与道德高格相连，这便构成了中国美学独特的伦理化特质。

迎来春季，从百花初放逐渐形成众芳争宠的局面，真可谓“乱花渐欲迷人眼”。这本身的花之美或花之美的本身，大概就足以打动审美者了吧。以《广群芳谱》所记“迎春花”为例，此花“人家园圃多种之，丛生，高数尺，有一丈者，方茎厚叶，如初生小椒叶而无齿，面青背淡，对节生小枝，一枝三叶，春前有花如瑞香，花黄色，不结实。叶苦、涩，平，无毒。虽草花，最先点缀春色，亦不可废，花时移栽，土肥则茂，焊牲水灌之，则花蕃，二月中可分”。这是从近似科学经验的角度来观迎春花。

迎春花之花期，无非比梅花晚一些，但迎春花花开之际，严冬将

仇英《竹林品古图》以翠竹林荫作为审美赏玩的背景，就连坐的也是湘妃竹椅

尽，春寒料峭，让它成为百花中的“报春使者”。遗憾的是，迎春花始终未获得梅那种高尚的“文化身份”，始终未列入“名品之流”。《花经》就说“迎春花七品三命”，《瓶花谱》则说“迎春花六品四命”，可兹证明。尽管它在古人心目中道德地位不高，可它却最先点缀春色，在冬春转化之际倍具美感。宋人韩琦《中书东厅迎春》诗云：“覆阑纤弱绿条长，带雪冲寒折嫩黄。迎得春来非自足，百花千卉共芬芳。迎得新春入旧科，独先嘉卉占阳和。今年顿被寒摧折，应为尖头送暖多。”

中国人是如此钟爱花草，且看明人王象晋在《群芳谱》中的总结，堪称醒世恒言："余性喜种植，斗室傍罗盆草数事，瓦钵内蓄文鱼数头，薄田百亩，足供饘粥。郭门外有园一区，题以涉趣，中为亭颜以二如，杂艺蔬茹数十色，树松竹枣杏数十株。植杂草野花数十器，种不必奇异，第取其生意郁勃，可觇化机。美实陆离，可充口食。较晴雨时浇灌，可助天工。培根核屏蓝翳，可验人事。暇则抽架上农经花史，手录一、二则，以补咨询之所未备。每花明柳媚，日丽风和，携斗酒，摘畦蔬，偕一、二老友，话十余年前陈事。醉则偃仰于花茵莎塌浅红浓绿间，听松涛酬鸟语，一切升沉荣辱，直赴之花开花落……"[1]从这一整段的描述来看，这个"二如亭"，就犹如一个由花木装点起来的人间仙境！

所谓生活无处不飞花！这正是中国人的"生活美学"使然。

花的喧闹、绚丽、明艳之美，折射出传统中国人生活观念和理想中"生动"的一面，也就是充满对美好生活的渴望和憧憬，不断开拓自身的审美情趣、生活品位，充分发挥创造性、想象力的一面。

中国人面对花草树木的审美化，还有美、丑对立的另一面。古人一面爱"香草"，另一面憎"恶草"，前者被视为美的，后者被看作丑的，从而形成了美丑善恶的分判。

《楚辞》当中不仅赞誉了那么多香草式的洁人，而且还抨击了恶草般的佞人。这些令人感觉不快的恶草，往往是果上有刺、味道恶臭的植物，比如说蒺藜。蒺藜乃一年生草本植物，茎平卧，花腋生，果分瓣，中部边缘有锐刺两枚，下部常有小锐刺两枚，很易刺人，令人产生恶感，所以就被用来象征恶人。

《楚辞 · 离骚》又有言，"赍菉葹以盈室兮，判独离而不服"。王逸注："赍，蒺藜也。菉，王刍也。葹，枲耳也。《诗》曰楚楚者赍。又曰：

1　王象晋辑纂，伊钦恒诠释：《群芳谱诠释》，北京：农业出版社 1985 年版，第 1 页。

蒋廷锡《牡丹十六种册》中展现了不同品类的牡丹花

终朝采菉。三者皆恶草，以喻谗佞盈满于侧者也。”这大都是比喻政治道德的。又如东方朔《七谏》说“江离弃于穷巷兮，蒺藜蔓乎东厢。贤者蔽而不见兮，谗谀进而相朋”，当恶草疯长在原为“宫室所言，礼乐所在”的东厢，那就隐喻着礼崩乐坏，谗佞小人当政。

中国人对花的审美，不仅要欣赏身处户外的花，而且还要把花带到室内，“插花”作为一种生活艺术就由此产生了，这也是一种介入的“生活美学”！

据说，古人的插瓶花灵感来自佛教“供花”仪式。《南史》记载，南朝齐晋安王萧子懋七岁时，母亲病危，请僧人来做道场祈福。有人献上莲花供佛，僧人们用铜罂盛水，把花茎浸在里面以防迅速枯萎。萧子懋见状，跪在佛前发愿说：“若使阿姨因此和胜，愿诸佛令华（花）竟斋不萎。”[1] 谁不想让花永远盛开而不凋萎呢？

“阿姨”是庶出子弟对生母的称呼。据说萧子懋的虔诚感动了佛祖，佛事连续做了七天，莲花鲜艳如故，母亲的病也痊愈了。从这个故事可以看出，魏晋时期的瓶花还很难说是“插花艺术”：一方面，瓶花是供佛之用，与中国固有的赏花、咏花传统还没有汇合；另一方面，此时的瓶花只是折取花枝，简单放置在器皿中，并没有注入人的才思、情致。

从此，中国人就把插花光大了起来。晚唐人罗虬写过一篇《花九锡》，对当时流行的插花艺术有简要的交代：“花九锡，亦须兰、蕙、梅、莲辈乃可披襟，若芙蓉、踯躅、望仙、山木、野草，直唯阿耳，尚锡之乎？重顶帷（幛风）、金错刀（剪折）、甘泉（浸）、玉缸（贮）、雕文台座（安置）、画图、翻曲、美醑（赏）、新诗（咏）。”[2]

其实，“九锡”是古代帝王专用的仪仗，一般用于赐给功勋卓著的将相。《花九锡》也是游戏笔墨的文字，不过，从中我们也能窥见唐代人插花的意趣和风尚：首先是对花的种类有特定的选择，只有兰花、蕙兰、梅花和莲花等才有资格入选；其次是花器精美华丽，如金错刀、玉缸、雕文台座等折花、插花所用工具和器皿等，均是精心打造的；再次，也是最关键的，插花不仅仅为了观赏、悦目，还要有雅歌、美酒相伴，结合绘画、音乐、诗歌等艺术形式进行综合性的欣赏和再创作，这不就是以花为媒的“生活美学”吗？

实际上，“花九锡”构成了一个由花、工具、器皿以及诗、书、画、

1　《南史 · 卷四十四》第 4 册，北京：中华书局 1975 年版，第 1110 页。

2　虫天子编：《中国香艳丛书》第 1 册，北京：团结出版社 2005 年版，第 393 页。

酒、音乐等共同环绕起来的综合了生活和审美等要素的生活艺术空间。插花不再是简单地把花枝剪下，安放在器皿中，而是要充分发挥人的想象力、创造力，这就是花道的精髓所在。花道之为道，不仅在自然，而更在人化，乃是借自然以人化的结果。

我们所熟知的“花中四君子”梅、兰、竹、菊，因为它们自身或是有浓烈的香气，或是生长于人迹难至的幽谷，或是外直中空，或是凌霜傲雪等自然习性，契合了古人对“君子”之品行的期待和想象，在大多数的名花排行中位居前列。而其他被视为下品的花，则要屈居“奴婢”之列，在插花时作为陪衬之物。

如此精益求精的插花，何愁居室不美、生活不快？！宋代词人张耒曾有一首咏瓶花诗说“摘梅花数枝插小瓶中，辄数日不谢，吟玩不足形，为小诗”：“疏梅插书瓶，洁白滋媚好。微香悠然起，鼻观默自了。秀色定可怜，仙姿宁解老。禅翁心土木，对此成魔恼。”[1]——这是说作者本来已是土木形骸，不解人世趣味了，但数枝梅花摆放在书斋中后，红花绿萼与素雅白瓷交相映衬，幽香袭人，唤醒了他视觉和嗅觉的敏感，以至于沉溺其中，欲罢不能。

从审美者的视角看，这就形成了一种中国人独拈出来的——“清赏”。所谓“清赏”，重在“赏”而追求“清”：“赏”是玩赏、把玩的过程，“清”则是玩赏、把玩所能企及的艺术境界。这就不是单一的物力、才情和趣味等所能达到的了。

赏花，才不是文人的“专利”呢。尽管古人所说的“大丈夫插花”，是指古时插花的主人公是男性文人，不像如今插花的主力军是女性，但是后世的插花俨然已经融入民众的日常生活之中了。

有趣的是，明代生活美学大师李渔曾经发明过一款“生花床帐”，堪称市井小民之花道的经典。生花床制作简单，就是在床帐内架设托

1　张耒：《张耒集》卷六，北京：中华书局 1990 年版，上册，第 77 页。

宋代的青白釉凸花瓶说明古人赏花时『择器』的精美程度，而郎世宁则写实性地描绘了插花之图

禹之鼎《王原祁艺菊图》描画的就是“大丈夫插瓶花”的男性审美传统

板，蒙以纱罗，然后放上时鲜花木，以求伴花入眠，花香入梦。

睡在这样的床帐中，自然是“身非身也，蝶也，飞眠宿食尽在花间；人非人也，仙也，行起坐卧无非乐境。予尝于梦酣睡足、将觉未觉之时，忽嗅蜡梅之香，咽喉齿颊尽带幽芬，似从脏腑中出，不觉身轻欲举，谓此身必不复在人间世矣”[1]，今人也会在床头放置一些美花吧，甚至做出一面花墙来日夜为伴。

“一花一世界”，花就是浓缩、提纯后的生活理想。所以，进入唐宋以后，直至明清，中国人对花的热爱达到了无以复加的狂热地步，“生活美学”之花四处飘散……

何止植物？各种动物也成了中国人“生活审美”的对象。

最早被纳入审美生活当中的乃是被驯化的动物。猪、牛、羊、马之类的家畜是用其能食、能劳的实用功能，但又不能由此说，猪、牛、羊、马就不能被中国古人纳入审美疆域了。从旧石器时代开始，早期人类就已经能以审美眼光来看待驯化动物了。红山文化的“玉猪龙”，就

1　李渔：《闲情偶寄》卷四，杭州：浙江古籍出版社 2010 年版，第 209 页。

是把现实中的动物与想象中的神物合为一体，真可谓虚实相生！

鸟，就是人类生活审美的重要动物之一。为何后世人养鸟？养鸟除了信鸽送信、雄鹰捕猎、鹈鹕捉鱼之外，基本上可以说都没什么实用功能性，而仅仅是为了赏玩的鸟，实在是品类繁多，早就与人类形成了审美关联。

明人李渔在《闲情偶寄》当中的“看花听鸟”，最具代表性，因为无论是花还是鸟，对他而言，可谓是“人生得一知己足矣”：“花、鸟二物，造物生之以媚人者也。既产娇花嫩蕊以代美人，又病其不能解语，复生群鸟以佐之。此段心机，竟与购觅红装、习成歌舞、饮之食之、教之诲之以媚人者，同一周旋之至也。而世人不知，目为蠢然一物，常有奇花过目而莫之睹、鸣禽悦耳而莫之闻者。至其捐资所购之姬妾，色不及花之万一，声仅窃鸟之绪余，然而睹貌即惊，闻歌辄喜，为其貌似花而声似鸟也。噫！贵似贱真，与叶公之好龙何异？予则不然，每值花柳争妍之日、飞鸣斗巧之时，必致谢洪钧，归功造物，无饮不奠，有食必陈，若善士信妪之佞佛者。夜则后花而眠，朝则先鸟而起，唯恐一声一色之偶遗也。及至莺老花残，辄怏怏如有所失。是我之一生，可谓不负花、鸟；而花、鸟得予，亦所称‘一人知己，死可无恨’者乎？”

这位极尽生活情趣的李笠翁，是如何赏玩“鸟趣”的呢？迥异于那些视而不见与听而不闻者，李渔每逢红花翠柳斗妍竞奇、啼鸣飞鸟争宠献巧之时，定要感谢上苍，归功于造物，每次饮酒必祭奠，每次吃饭必奉天，就好似善男信女奉佛一般。晚上等到花眠之后才去睡，清晨在鸟儿出巢前就起身，唯恐漏掉一声鸟鸣、一色花姿。等到鸟衰花谢之际，内心怏怏不快而怅然若失。李笠翁最后自诩：我的一生，可以说未有对不起花鸟之处；而花鸟得到我这个朋友，不也可以说是人生得知己死而无憾吗？

后世对于鸟的审美，变得更加精细，也更为全面了。清人金文锦撰有《画眉谱》，分为头、鼻、颈、尾，分部位论述，还有白青、黄毛、青红毛、品漆毛的品类之分论。“鸟鸣”，历来是赏鸟的关键项，《画眉赞》第一部就赞曰：“画眉儿，娇音叫出最稀奇。较他鹦鹉偏堪爱，比他鸲鸽更堪思。千声万声叫不停，养来窗外自相宜。音婉转，韵高低。清晨新起后，久雨乍晴时。其声百出叫画眉，人须爱惜画眉儿。”听鸟之感也变得更加敏感了。

清人张万钟更有《鸽经》，对鸽子的审美主要分为“花色”“放飞”和“翻跳”三类：“花色论致，飞放论骨。有若柳絮随风，流萤点翠，蹁跹时匝芳树，窈窕忽上回栏。犹如孤鹜横空，落霞飘彩，或来如奔马，去若流星。至翻跳之宜，则均斯二者。”花色欣赏要论“致”，放飞鸽子讲究“骨”，看翻跳表演则二者都要，而这雅致之“致”与骨肉之“骨”，皆为中国古典美学范畴的典范了。

今人王世襄被称为“大玩家”，听闻不少他“玩物”成家的趣闻逸事，晚年王先生就醉心于研究鸽子，并著有《明代鸽经 清宫鸽谱》和《北京鸽哨》。如今你行走在北京城的胡同当中，还可以看到不少老北京的鸽子笼架设在屋顶。天气好的时候，鸽子在空中盘旋，响着阵阵的呜呜嗡嗡的鸽哨声……

谈完鸟，再说虫。清人陈淏子有一本有趣的书叫《花镜》，谈到了各种昆虫的美感。就举一个例子，在分论“蛱蝶之美”的时候，《花镜》记：“四翅轻薄而有粉，须长而美，夹翅而飞。其色有白、黑、黄，又有翠绀者，赤黄、黑黄者，五色相间者，最喜嗅花之香，以须为鼻……其出没于园林，蹁跹于庭畔；暖则沉蕙茎，微雨则宿花房；两两三三，不召而自至；蘧蘧栩栩，不扑而自灭。诚微物之得趣者也。”[1]蝴蝶作为小小之物也有“美趣”呀。更有趣的是，对虫的好恶也早与文人人格高下匹配了起来。欧阳修还有一篇奇文《憎苍蝇赋》，也是将恶虫加以人格化的描摹。

1　陈淏子辑，伊钦恒校注：《花镜》，北京：农业出版社 1962 年版，第 440—441 页。

虚谷《杂画册》里的金鱼已是古人培育的结果，喻兰《仕女清娱图册》中也有养金鱼的场景

关于“兽之审美”，也有两类，一类是被驯化的美，另一类则是未被驯化的美。最早进入古人审美视野的是前者，然后才有后者。因为对人而言，有威胁的兽类，其危险性必定压倒了审美感。《孟子 · 滕文公下》记载：“当尧之时，水逆行，泛滥于中国，蛇龙居之，民无所定。”那时兽类只是古人的敌人，“险阻既远，鸟兽之害人者消，然后人得平土而居之”之后，才可能形成人化审美的现实基础。

如果你去苏州的网师园，走到殿春簃庭院之时，能看到一块“先仲兄所豢养虎儿之墓”的墓碑，被精致地嵌于壁上，但是那处虎冢并不在墙下。这就要说到1932年曾寓居此园的张大千及其兄长张善孖了，他们的著名画室“大风堂”就在这里。

张善孖乃张大千的二哥，他非常擅长画虎，但因姑苏无虎，只能仅凭印象作画，心生烦恼。巧合的是，他在朋友朱柏林处获得一只小虎。这只小虎被唤作“虎儿”，兄弟爱护备至。从此，二人观虎画虎，画艺也由此大为长进。据说，此虎与人亲和，甚通人性，无有枷锁，自由自在，张善孖兄弟常在庭院里与虎儿嬉戏，甚至相扑为戏。

当然，宠物的寿命大都超不过人类，后来虎儿夭折于灵岩山，张善孖悲痛不已，将之葬于网师园假山下。四十多年后，张大千怀念故居，怀念兄长，怀念虎儿，遂题写了一纸虎儿墓铭，穿过海峡遥寄苏州，1986年苏州市园林管理局按此书镌刻了墓碑，并立于网师园殿春簃院内。这就是一段人与兽之间的审美故事。

总之，中国人的“地缘之美”包括方方面面，不仅花草为伴慰平生，而且四时清供尚花道，不仅观鸟听鸟别有恋，而且虫兽鱼能入法眼，还有哪个民族能如此深入“自然之趣”呢?

人貌之美

大禹造像显示的就是儒家所塑造出的那种人“顶天立地”的想象

中国历来有“天地人”三才之说，人与天地参之。《礼记》云“人者，天地之心也”，就是在说人的“顶天立地”的核心位置。

说到人与天地“参”，那到底什么是“参”呢？《荀子·王制》中说：“故天地生君子，君子理天地。君子者，天地之参也。”杨倞注：“参，与之相参，共成化育也。”这便意指“共成化育”的动态过程；《礼记·孔子闲居》则说：“三王之德，参于天地。”郑注为“参天地者，其德与天地为三也”，这就偏重于“成德”或“德成”的静态结果。

道家与儒家的主流观念，在“三才”的立场上也是基本一致的。所以，才有“泛爱万物，天地一体也”（《庄子·天下》）的说法，可是这“爱”者，到底是谁呢？或者说，到底“谁”才能去“泛爱”万物呢？答案当然是人，只能是人，而不是任何一种“齐物”之后的“物”，才能作为爱的主体。

用更简约的说法，所谓“人者，天地之心，五行之端，是以禀天地五行之气而生，为万物之主，配二仪，以为三才”（《五行大义·论人配五行》引《文子》文)。这就直接先提出，人是天地之“心”，同时也是金、木、水、火、土这五行之“端”。所以人乃秉承着天地五行之“气”而生成，由此成了万物之“主”，与日月“二仪”相配合，从而终成天人地之“三才”。

与此同时，儒家思想还关注到了通过身体的认知：“故礼义也者，人之大端也，所以讲信修睦而固人之肌肤之会、筋骸之束也。所以养生送死事鬼神之大端也。所以达天道顺人情之大窦也。”(《礼记·礼运》)在此，为了强调礼义是人的端绪，《礼记·礼运》用身体来做隐喻，认为讲求信义与维持和睦就好似肌肤相连、筋骨相接一般，表现了中国智慧中身心合一的特质。

如此一来，一面是“达天道”，另一面则是“顺人情”，二者恰恰是天然沟通的。

任何民族对“人之美”的认知都很早，中国人也是如此。随着母系社会的结束，在男权中心主义的时代，男性的眼光，始终是占据绝对

从武氏祠汉画像石“伏羲与女娲像”里可见远古中国人审美的踪影

主导地位的。“女子之美”也是就男人的审美观而言的，因为毕竟那不是“男女平权”的时代。女性只是被动的被观者，而男性则是那个主动的观照者，女性塑造自身的美，仅仅是为了男性的观看与满足，这种现象持续到女权主义的“性别革命”后才彻底翻转。

正如“美人”这个词，早在屈原的时代，都为男人所垄断。无论是以“唯草木之零落兮，恐美人之迟暮”比喻君王，还是以“众女嫉余之蛾眉兮，谣诼谓余以善淫”来自喻，其实说的乃是内在的道德，这就是一种“内美”的诉求。所谓“内美”其实不是美，而是一种“德”，而“外美”在与“内美”的较量之中，只能败下阵来。唯一值得欣慰的是，“美人”这个词，在后世倒成了女性的“专利”了。

谈到男人之美到极致，《晋书 · 卫玠传》曾有个记载：“京师人士闻其姿容，观者如堵。玠劳疾遂甚，永嘉六年卒，时年二十七，时人谓玠被看杀。”说的是晋朝玄学家卫玠是位著名的“美男子”，世称其为“璧人（玉人）”，就是像美玉美璧雕琢出来那般靓丽。卫玠每每出门都被围观，观者形成了人墙，就像如今追星族围追堵截明星一般，每次卫玠都要花很大气力冲出重围。没想到，久而久之，这位俊俏的美男子就体力不支，病倒之后离开了人世。这就是时人戏称的“看杀卫玠”（《世说新语 · 容止》）。

如果这些记述都是真实的，那么，后代的古典中国就再也没有出现过这种对男性审美的推重了，直到现在消费文化对于“小鲜肉”的审美，才算再度出现，只不过所欣赏的仅仅是商业明星的表皮貌美而已。无独有偶，古代朝鲜半岛也有类似的审美文化存在。我以为，“魏晋风流”与朝鲜三国时期新罗的“花郎道”风尚极为接近，花郎道也被称为“风月道”，其推崇的也是“风流”。

所谓“国有玄妙之道，曰风流”，风流竟成了新罗举国推崇的生活方式，其表率者就是被称为花郎的贵族子弟，早期花郎共同体的领袖名为“源花”，由作为表率的貌美男子担任：“择贵人子弟之美者，敷粉装饰之，名花郎。”此道乃是因人才选拔需要而创制的特定制度，实际上，花郎道是政治军事组织，并带有一定的宗教性，但生活化的审美在其中占据了文化性的主宰。

花郎都要长得美如花，形体适中也如花，服饰华丽亦如花，所以从精神到形体修炼都以“花”来命名。更重要的是，花郎的修养或相磨以道义，或相悦以歌乐，游娱山水，从理性熏染、诗乐陶养到山水怡情，都要符合“风流之美”。2008年在韩国任教期间，我竟然发现，这种花郎的美学传统在当今韩国男人审美中仍比比皆是，看看那些韩国男团的歌舞者的形象，就大概知道我说的意思了。

在上古时代，女人之美与男人之美乃是颉颃而出的。《简兮》描述了一位思念着自己的意中人的美女子：“云谁之思，西方美人。彼美人兮，西方之人兮。”——那个西方的美人，又是怎样一位如花美眷呢？她的面容，必然是明艳华丽的，就像《周南·桃夭》说的那样：“桃之夭夭，灼灼其华。之子于归，宜其室家。”——只有像那艳丽的桃花一样绽放的女子，才会令侍奉在公侯身边的男子魂牵梦萦。她首先必得有高挑的身材，才能够称得上“美人”。《陈风·泽陂》中是这样描绘美人的：“有美一人，硕大且卷……有美一人，硕大且俨。”——“卷”即是“缱绻”之“绻”，是美好之意；“俨”就是庄重之义。也就是说，商周时代的美女标准，是高大、丰满、面容姣好、端庄妩媚……

中国的人之美还有地域分殊，北人之美与南人之美亦不同矣。《诗经》大多是北方黄河流域的作品，表现的是北方的主流的人物审美观念。南方长江流域的楚地，则因为生存环境的差异，滋生了不同的审美趣味和人物之美的理想。这在《楚辞》中表现得尤为鲜明。屈原在《离骚》中自述，说自己有“内美”，又有“修能”——“能”即“态”（繁体字作態），古典文献中常常出现“修态”的说法，用来表述美好的人物体态。

“美之人”的伟大诗人屈原，通过《离骚》等作品所展现出来的美男子，是峨冠博带、衣袂飘飘、面相清癯、润饰繁缛的超逸形象——与北方男子之美相比，多了几分娴静、优雅、超凡脱俗的气质，但没有英武之气。尽管他强调自己剑不离身，“带长铗之陆离兮”，但这长剑不过是作为配饰，他欣赏的是长剑握在手中“陆离”的姿态而已。

那么，楚地美女与北方美女又有何种差异呢？我们都知道宋玉那段形容“东家之子”美貌的话：“东家之子，增之一分则太长，减之一分则太短；著粉则太白，施朱则太赤。眉如翠羽，肌如白雪，腰如束素，齿如含贝。嫣然一笑，惑阳城，迷下蔡。”[1]看来，北方的“硕人”，在楚地还称不上美女。楚人心中的美女个头不能太高挑，面色要自然中白里透红，眉毛浓淡相宜，肌胜白雪，齿如贝壳——这是一种细腻、妩媚、纤丽、阴柔尤为突出的美！

《楚辞》其他篇章中描述女子体态之美，也多用“丰肉微骨”“小腰秀颈”“粉白黛黑”“靡颜腻理”“蛾眉曼睩”“朱唇皓齿”等语句，足见楚人更欣赏身姿柔婉娇弱、长相妩媚纤丽、体态曼妙多姿的女子——有诗说：“楚王好细腰，宫中多饿死。”与《楚辞》相对照来看，此言信不虚也！

谈到人之貌美，就要先说说——以貌取人之“相人”。任何人见到一个陌生人，都会有今人所说的“第一印象效应”，中国古人特别讲求这“相人之术”。当然，相面术也不是为本土所独有，这与原始巫术有着某种关联，在那个前科学时代，科学始终未找到合适的土壤，而极易流入“怪力乱神”的沼泽之中。尽管这第一印象从理智上未必那么可靠，但深深地作用于人对人的表面审美当中。

《左传·文公元年》有记，公元前626年，周天子派使臣叔服到鲁国参加鲁僖公的葬礼。鲁国贵族公孙敖听说叔服懂相人，就请他给自己的两个儿子穀和难看相。叔服看过之后，对公孙敖说，您这两个儿子

1　吴广平编著：《宋玉集》，长沙：岳麓书社2001年版，第80页。

《帛画龙凤仕女图》呈现的是南方“楚风”的人物审美化的结果

中，穀能供养、祭祀您，难将来能安排您的后事；尤其是穀，下颐丰满，是有福之相，他的后嗣必能在鲁国昌大！后来，公孙敖死后，果然是小儿子难为他收葬；有福相的大儿子穀却死得比他还早，不过穀的后人着实世代在鲁国居卿位，奉祀公孙敖，这也就是鲁国史上著名的孟孙氏一族。这大概是中国“相术”的最早记载了：一个人的品行，日后的作为成就，乃至身后子孙的福泽，竟与长相如此勾连起来。

不管是“看相”的术数，还是“以貌取人”的习惯，其中都包含了一个朴素而又深刻的道理：人往往凭借直接的感官印象，就形成了对他人的感觉与判断。虽然其背后有不同的感觉习惯与观念架构，但起决定作用的因素，仍是人类对自身的感性认知与审美判定。这种感知一般是直接做出的，但是藏匿于其背后的文化确是间接起作用的。

在日常生活当中，见到仪表堂堂、风度翩翩的人，有几人会不赏心悦目，不知不觉中为之倾倒、愿意与之亲近？李太白一介布衣，漫游

顾绣《竹林七贤图轴》展现的乃是后世对“魏晋风流”的一种群体性的想象

长安，当时已经名满天下的诗人贺知章一见他超逸洒脱的神态，就倾慕不已，一篇《蜀道难》还没读完，就接连赞叹，大呼“谪仙人”，解下随身佩戴的金龟换酒，与之共饮大醉。虽然如今推断李大诗人实为一个胖子，但这个故事确实有趣。

再举个相反的例证，五代时后蜀有一个叫温颢的，画得一手好春宫，听说某大员颇好此道，便想逞能献艺，带着自己的作品去露一手，没想到因为长相丑陋，连把门的那关都没过——温颢，就是鼎鼎大名的晚唐才子温庭筠之孙。他的画艺得益于家传，丑陋的相貌，也是祖传的。温庭筠才思敏捷、文采斐然，琴、棋、书、画无不精通，有“温八叉”之号，八次叉手，就能写出一首诗，但相貌奇丑，人送诨名“温钟馗”。这就是我们极为反感，又常常不能避免的“以貌取人”。

关于如何看人，不仅是内在的看，还有外在的观。三国时期的刘劭，曾编写过一部系统地品鉴人物才性的玄学大作，叫作《人物志》。

从最终目的上来说，《人物志》还是要“约人以中庸之域”，也就是依照中和之美的标准鉴识人才，比如它说“凡人之质量，中和最贵矣”等，这与“名教”的初衷并无二致，但是，它的“由形所显，观心所蕴”的识人方法，显然超越了已形式化了的“名教”的僵化腐朽的品评方式。这就把人物评鉴从是否遵循社会既定的规范、价值观念等拉回人本身的层面——“盖人物之本，出乎情性。情性之理，甚微而玄。”

对魏晋人物品藻的《人物志》还有另一重要意义，就在于它虽然也推崇“圣人”，追求“中和”之美，但是它承认了一个事实，那就是“圣人”虽然崇高，毕竟不是人人能够企及的：“观人察质，必先察其平淡，而后求其聪明。聪明者，阴阳之精，阴阳清和，则中睿外明。圣人淳耀，能兼二美。”既然只有极少数的“圣人”才能兼具“阴阳清和”“中睿外明”，亦即“二美”完备，那普通人在以“圣人”为楷模修身养性时，其所能达到的境界，就不能仅拿“圣人”或“君子”的标准一概而论了。

正是出于这种正视现实的眼界，《人物志》主张考察人物一方面要注意“常士”，另一方面更要留心“奇才”，当然“二美”仍为其追求的理想之境。但其重点在强调“失缪之由，恒在二尤”——“尤”就是特异的、突出的人物。“二尤”是指“尤妙之人”与“尤虚之人”：所谓尤妙之人，“含精于内，外无饰姿”；所谓尤虚之人，“硕言瑰姿，内实乖反”。

这“二尤”，一是貌似平淡无奇，实则怀璧握瑜；一是巧言令色，金玉其外，败絮其中。如何识别“奇才”有一套大学问，这里暂且不提，只说说留心“奇才”的意义：从单一的“中和之美”到“奇才”的发现与肯定，表明了至少在士大夫阶层，价值观和人生观已经从儒家定于一尊的铜墙铁壁中解放出来，开始接纳有个性、有独立风格的人物了。

中国对人的审美的第一次大爆发，就出现在魏晋之际，“魏晋风度”

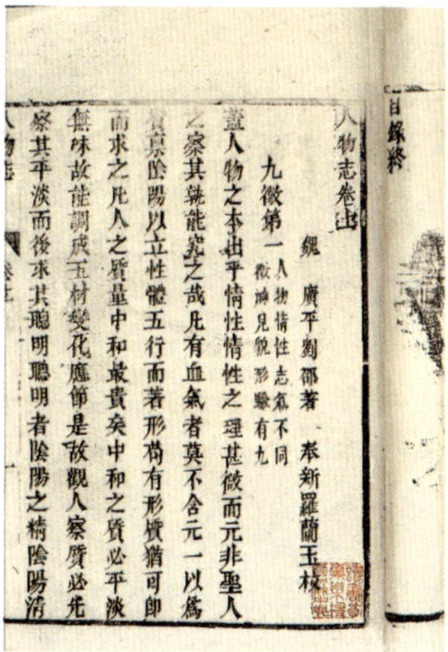
人物志卷上
魏　廣平劉邵著　奉新羅蘭玉校
九徵第一　人物情性志氣不同　徵神見貌形驗有九
蓋人物之本出乎情性情性之理甚微而元非聖人
之察其孰能究之哉凡有血氣者莫不含元一以為
質稟陰陽以立性體五行而著形苟有形質猶可即
而求之凡人之質量中和最貴矣中和之質必平淡
無味故能調成五材變化應節是故觀人察質必先
察其平淡而後求其聰明聰明者陰陽之精陰陽清

刘劭《人物志》提出了品藻人物的原则、方法与范例

抑或“魏晋风流”，所言说的对象就是人之美，特别是名士之美。

这种在个人主义盛行的当今看来都属于“破格”的名士风流，不仅仅在嵇康、阮籍、山涛、向秀、刘伶、王戎及阮咸等“竹林七贤”身上得以尽显，而且深刻地影响了当时的社会风俗。这也就意味着“魏晋风度”或“魏晋风流”塑造的乃是一代人的生活方式，从而成为中国生活美学史上的“绝响”！

据说阮籍的族人都沾染上了放荡不羁的生活作风，纵情肆意，旁若无人，同宗聚会的时候，饮酒不用杯盏，“以大瓮盛酒，围坐相向大酌。时有群猪来饮，直接去上，便共饮之”[1]。他们披头散发、赤身裸体，反对用礼教、名教约束人的自由，宣称这样才是回归“大道”的生活方式。这种风气弥漫开来，许多并无苦闷与忧思的人为了跻身“名士”之

1　徐震堮：《世说新语校笺》下册，北京：中华书局 2004 年版，第 394 页。

画像砖当中的阮咸、刘伶、向秀的造像各有魏晋人的风度

流，也效法起来。于是，“名士”就沦落到形式化、符号化的地步。时人批评说：“名士不必须奇才。但使常得无事，痛饮酒，熟读《离骚》，便可称名士。”[1]这自然引起了卫道士们的强烈不满，痛斥他们“露丑恶，同禽兽”，这个批判不可谓不尖刻。

《世说新语》中还有记载说，乐广听到别人对诸阮的痛斥后，不置可否，只是笑笑说：“名教中自有乐地，何为乃尔也！”[2]或许，乐广眼中赤身裸体、纵欲酗酒的阮氏族人，就像我们今天所说的“垮掉的一代”，颓废、虚无，看似通达，内心却难以获得真正的平静与自由。

从“书圣”王羲之在一场政治婚姻中的表现可以看得极为真切：“郗太傅在京口，遣门生与王丞相书，求女婿。丞相语郗信：‘君往东厢，任意选之。’门生归白郗曰：‘王家诸郎亦皆可嘉，闻来觅婿，咸自矜持。唯有一郎，在东床上坦腹卧，如不闻。’郗公云：‘正此好！’访之，乃是逸少，因嫁女与焉。”[3]

自古以来，联姻就是世家门阀之间巩固彼此利益和地位的主要方式之一。王羲之生在豪门大族，自然对自身无法逃避政治婚姻的命运了

1　徐震堮：《世说新语校笺》下册，北京：中华书局2004年版，第410页。

2　徐震堮：《世说新语校笺》上册，北京：中华书局2004年版，第14页。

3　徐震堮：《世说新语校笺》上册，北京：中华书局2004年版，第201—202页。，

然于胸，用传统的话说，这就是“命”吧。然而，完全“认命”，顺应甚至迎合命运的安排，岂不成了任人摆布的傀儡？！所以他在郗太傅家派人来考察、遴选女婿人选时，并不像兄弟们那么紧张、矜持，而是安之若素，像平常一样露着肚皮高卧东床——这就是在命运的阈限中寻求自由！

所谓“东床快婿”，“快”就快在这种随心所欲而不逾矩的坦然、淡定与洒脱。世人常称赞王羲之的书法“飘若浮云，矫若惊龙”，这飘逸灵动、洒落不群的自由境界，若无对“规矩”与“自由”的完美折中，又如何能在方寸尺幅之间挥洒而成？

人生不满百，况生乱世中？陶渊明在《形影神》一诗里表达出这样的人生观念：“天地长不没，山川无改时。草木得常理，霜露荣悴之。谓人最灵智，独复不如兹。适见在世中，奄去靡归期。奚觉无一人，亲识岂相思。但余平生物，举目情凄洏。我无腾化术，必尔不复疑。愿君取吾言，得酒莫苟辞。”

诚如陶潜《挽歌》所说：“亲戚或余悲，他人亦已歌。死去何所道，托体同山阿。”有关生死的忧戚与快乐，都是短暂的、相对的，君不见您为亲友之丧哀痛毁伤的时候，其他人却在快乐地歌唱？死有什么可怕、可悲的呢？不过是化身为尘土，回归到自然的怀抱中罢了。有了这种彻悟和洞见，陶渊明自然就从死生无常的生命焦虑中解脱出来了，既然连生死都能看破，更何况世俗的功利欲求？所以，陶渊明将自己的身与心彻底交付给了“自然”，他的宁静、淡泊、闲适、自由都不是沉浸在世俗悲喜中的人所能矫饰出来的，由此发出了这一声绝唱！

唐宋之际，对人的审美又有了历史性的转变。我们看到，名士重自由、求解脱，为自由与解脱不惜与世俗决裂，弃政治事功于不顾，而风雅文人则返本开新，重新树立“达则兼济天下，穷则独善其身”的儒家理想，力图在政治和社会实践中确认和实现个体的价值。这就是说，从名士到文人的生活观与审美观的改变，恰恰是由于他们的世界观和人

顾恺之《琴图卷》之宋代摹本显露的更是唐宋“风雅”而非魏晋“风流”

生观的变化，但“生活美学”又反过来助以塑造了他们对大千世界和宇宙人生的观感。

这从蔚为大观的唐宋笔记与《世说新语》的差别就可以看出来，你可以任意抽出一本笔记翻阅浏览，再比照下《世说新语》的风格面貌。《世说新语》的关注重心，在于名士的谈吐、仪容、才情和个性等，而唐宋笔记记载人物时，所突出的主要有两点：一是政治上的成就，二是诗文创作的水准[1]。对诗文的关注，也就是文之美，后面还要谈到，这里只说对政治的关切。杜甫有一首《奉赠韦左丞丈二十二韵》说：“致君尧舜上，再使风俗淳。”这两句诗，前一句是对上而言，后一句则是对下来说，倒可以视为唐宋文人之理想与抱负的一种总括。

如果说，唐宋以后的千余年间，中国的人物品藻基本上没有再出现幅度巨大的变迁，那并不是说中国人的生命精神、生活热情到了唐宋就发挥到极致、开始衰颓了，而是说唐宋的“风雅”之美，在群与己、理想与现实、自由与局限之间，探索到了最佳的处理方式和智慧。也正因此，尽管从历史上来说，唐宋的疆域，不是最辽阔的；唐宋的经济，不是最富庶的；唐宋的国力，不是最强盛的，但是，唐宋在元明清时代，

1　参见周勋初：《唐宋人物轶事的不同风貌》，《中华文史论丛》2011 年第 3 期。

乃至现在，都成了一个恒久的参照系，这也是唐代雍容大度与宋代素朴极少的“生活美学”在如今仍然风靡的缘由。特别是南宋文化更是出现“内转”的趋势，尽管社会走势尚有争议，但是描述审美倾向并无疑义，如今世间所谓的生活美学家们极为推崇南宋的极少主义美学，其实只是执其一端而已。

到了明清，“食色男女”的真风情又被逐渐显示出来，特别是对女人的审美，变得更为细腻与深入，但问题就在于：中国人的审美，变得越来越健康了，还是愈来愈畸形了呢？

清人卫咏就有《悦容编》，其中分为随缘、葺居、缘饰、选侍、雅供、博古、寻真、及时、晤对、钟情、借资、招隐、达观十三部，从各个层面解析女人之美，与徐震的《美人谱》有着异曲同工之妙。

以男性眼光为标准，《悦容编》不可辩驳地确认，女人的审美层级有高下五种，从可言的“态”“神”“趣”“情”到难言的“心”：“美人有态、有神、有趣、有情、有心。唇檀烘日，媚体迎风，喜之态；星眼微瞋，柳眉重晕，怒之态；梨花带雨，蝉露秋枝，泣之态；鬓云乱洒，胸雪横舒，睡之态；金针倒拈，绣屏斜倚，懒之态；长颦减翠，瘦靥消红，病之态。惜花踏月为芳情，倚兰踏径为闲情，小窗凝坐为幽情，含娇细语为柔情。无明无夜，乍笑乍啼，为痴情。镜里容，月下影，隔帘形，空趣也；灯前目，被底足，帐中音，逸趣也；酒微醺，妆半卸，睡初回，别趣也；风流汗，相思泪，云雨梦，奇趣也。神丽如花艳，神爽如秋月，神清如玉壶水，神困顿如软玉，神飘荡轻扬如茶香，如烟缕，乍散乍收。数者皆美人真境。然得神为上，得趣次之，得情得态又次之，至于得心，难言也。”[1]

实际上，这种失去了男女平权的美感意识，在中国古代晚期是越走越偏了。直到与西方文明全面接触时，才调整方向，但本土化的生活

1　虫天子编，董乃斌等校点：《中国香艳全书》，北京：团结出版社 2005 年版，第 7 页。

崔错《仕女册》有传统仕女在不同生活场景当中的雅致形象

审美传统从未断裂过。

特别是到了明末清初，辩通与仁智等传统的“机智美德”消失了，更多为“性别美德”—— 如孝顺与忠贞之类 —— 所彻底取代。譬如，作为机智有辩才的辩通，曾被当作女性美好的品性，但是后世这种辩通却彻底被压制了，因为女性基本被剥夺了发言、申辩与辩论的权利。

汉学家罗莎莉对《列女传》汉宋版本和扩充后的明清版本进行了细致的比照，发现女性美德纯粹演变为婚姻忠诚、寡妇守节和母性，由此女性审美被囿于更狭窄的“内”空间之内，[1] 被牢固地禁锢在“闺房”这样的空间里了。随着这种禁锢越来越深，中国古代女子们对这种“内在审美”模式，也就从逆来顺受变成主动接受了，从而形成了一种不自觉的集体无意识。

在外在美当中，中国人的“恋足癖”值得注意，这是人之审美的消极方面，我们不能视而不见。在所有的女人身体审美对象中，“三寸金莲”的审美显得最为独特，“裹足”也曾被褒而今被贬。这种俗称“裹小脚”的习俗，其实既是个美学问题，也是个伦理问题，当成为所谓“金莲崇拜”时更是如此。

从伦理功能上，当然有男女有别与片面守贞的考量，也形成了如此的伦理分殊功能，但是在美学上那种“取悦”男人的目的，却是原发性的，也是使之终成为一种畸形的“审美习俗”，乃至形成了 —— 瘦、小、尖、弯、香、软、正 —— 的“妙莲”审美标准。在这里面，女人是被观看的，男人则是绝对观看者，其中确实存在着“性别权力的结构”，而且是一种压抑性的凌霸结构。

更为重要的是，女子为了这种“审美—伦理”的权力结构，从小就要对自己的身体进行严格的审美重塑。在现代性主导的审美当中，女性美是以不戕害身体为伦理前提的，比如古典时代鲸鱼裙对欧洲女子腰

1　【美】罗莎莉：《儒学与女性》，丁佳伟、曹秀娟译，南京：江苏人民出版社 2015 年版。

部的束缚就被解放了。与西方不同的是，中国小脚之美是在私人领域实现的，一般并不展示给世人，除了内部人士，他人只能听闻小脚如何艳冠群芳，这是后代的礼教使然，更是十足的性别歧视。

况且，后代审美变得越来越窄化，缠足之美甚至成为女子美的唯一焦点，为了这个美可以不计其他，乃至成为所谓的“半截美女”也在所不惜，可真是一种残酷的身体改造了吧。这种以“足”为人的审美核心的方式，被汉学家们视为“遮蔽的身体”，乃至晚期甚至“将凝视焦点从肉脚原貌转移到装饰文化”，[1] 因为真正成为女性象征的身体部位反倒被遮蔽了，有人说“中国人恋足不恋乳”，大概就是这个意思吧。

从历史上看，缠足是自上而下蔓延普及的，“在元、明两朝，缠足行为从贵族阶层扩大到戏子和平民百姓。从明代对于缠足的相关历史记载来看，在宋代早期缠足还只是极个别的现象，但到了明代，就连小女孩都开始羡慕有着一双三寸金莲的女性。在明代，缠足不再是贵族阶层所独有的特权，它是一种共享的女性典范，一种为所属人所称赞的审美对象。受到束缚的双脚所带来的不只是女性的阴柔之美，它也是身份地位的象征，一种得到社会认可的标识。缠足之于女性的重要性与文化教育之于男性的重要性是对等的。换言之，正如文化教育标示着男性的礼仪文明，缠足行为也标示着女性的礼仪文明”。[2] 这种以戕害身体为基础的审美，在西风东渐的时代逐渐变得不合时宜，但仍需指出的是，在缠足于宋代风行起来之前，绝对没有后世那般极端化。

袁枚曾有一篇《缠足谈》，甚至将女子缠足追溯到南唐，但说最早缠足是男人之事，《毛诗》“亦芾金舄”即为明证，后来之所以移到女人

1 【美】高彦颐：《缠足：“金莲崇拜”盛极而衰的演变》，苗延威译，南京：江苏人民出版社 2009 年版，第 140 页。

2 【美】罗莎莉：《儒学与女性》，丁佳伟、曹秀娟译，南京：江苏人民出版社 2015 年版，第 162 页。

范雪仪《人物故事册》从女性画家的独特视角描绘的女性形象

身上，也是因为“想妇人亦当如男子矣。大抵妇人之步，贵乎舒迟”，后来才“渐有以小为贵之义”[1]。相传南唐后主李煜有位妃子名窅，在一朵金莲花上为之歌舞，真如水仙凌波，南唐齐镐遂填词曰：“莲中花更好，云里月长新。”这也是“三寸金莲”说法的缘起，有人认为“由是人皆效之，以纤弓为妙”[2]，还有人认为“由是人多效之，此缠足所自始也”（余怀《妇人鞋袜考》）[3]，但这只是个以美为由头的美好传说罢了。

至于那清人方绚《香莲品藻》将各种中国古典美学原则附会在金莲“畸趣”之上，提出什么“五式”“三贵”，什么“九品”“三十格”，那就太牵强附会了，但也不是没有任何审美价值，如描述“香莲四印”分别为香屑、苔阶、沙堤、雪径，因为“泡影波流，踪痕风扫。唯有情痴，可以悟道”，尽管这种种仍得古典审美之神髓，但是已走向偏颇。所以说，传统的现代性转化，首要之事就要甄别传统之良莠，那些有违“健康美学”原则的传统理应抛弃，将之置于历史的“故纸堆”中去吧。

总之，在中国“生活美学”的历史嬗变当中，尽管美与善的合一始终是主流，但“大时代”的伦理成了中国审美的遮盖与压制，其中也总有那么几个“小时代”，陡然突破伦理限制而形成了审美的突围并终成大盛。而每每这样的时代，都是“生活美学”的鼎盛时期，无论是魏晋之时还是明末之际皆是如此，这也算是华夏“美的历程”的一种历史绵延规律吧。

1　虫天子编，董乃斌等校点：《中国香艳全书》，北京：团结出版社 2005 年版，第 205、206 页。

2　陶宗仪：《南村辍耕录》卷十，北京：中华书局 1958 年版，第 127 页。

3　虫天子编，董乃斌等校点：《中国香艳全书》，北京：团结出版社 2005 年版，第 204 页。

饮茶之美

谈茶，就从一首著名且有趣的“茶诗”谈起吧。

茶诗，早已是中国诗当中的特定品类了，“诗茶合一”或者“茶诗合一”也是一种审美的统一。

唐代诗人元稹有次品尝新茶后，写下了一首形式新奇的《一字至七字诗·茶》[1]：

茶，
香叶，嫩芽。
慕诗客，爱僧家。
碾雕白玉，罗织红纱。
铫煎黄蕊色，碗转曲尘花。
夜后邀陪明月，晨前命对朝霞。
洗尽古今人不倦，将知醉后岂堪夸。

这首诗妙，每句字数，从一到七渐次铺开，终形成了塔状；又以诗题（茶）为韵，在诗之表现形式上堪称精绝；诗句所咏，极为切题：从“茶”这个字开始，从其叶的香嫩品质荡开思绪，联想到茶与“人”（诗人与僧人），茶之“形”（玉与纱）与“色”（白与红），又极尽精工地描摹了煎茶制茶之“前”（铫煎黄蕊色）“后”（碗转曲尘花）过程，进而上升到品茶的文化层面，暮邀明月，晨对朝霞，最终进入历史长河，

1　元稹：《元稹集》外集卷七，北京：中华书局 1982 年版，第 697 页。

茶后“洗尽古今人不倦”，那是中国人一直以来的审美享受，此乃何等“美事”也！

茶，不仅帮助中国人洗尽了“尘心”，还推动了中国“生活美学”之精进。茶，其实无非就是中国人的饮料嘛，但“吃茶”这个简单之事，竟被中国人“啜”成了生活的艺术。“啜茶”这个“啜”字，甚妙，意思是茶要一口一口地去“品”。

当今中国社会，“生活美学”方兴未艾，就有论者讲“美，从茶杯开始”，但具体要从设计入手来培养美感。我赞成美感要到日用器物中去觅求，美感教育也不能仅通过纯艺术教育来完成，但是这种从日常生活中找寻美感的方式，仍落于形式美学的窠臼，还是要回归“生活世界”来寻美。“喝陈普洱”一时成为如今的生活风尚，在京城现在有所谓“四大俗”，竟然就是听昆曲、弹古琴、练瑜伽和喝陈普，这反过来证明了其普及程度吧。

茶，其实更应该是一个动词，英文的 tea 应该改为进行时 teaing，茶本身就是一种生活。茶是死的，是生活使得茶活了起来，围绕着茶之人的活动使茶变得活生生起来，从而成为“参茶”的绵延过程，这就关乎“饮”的美学。与此同时，谈美，也可以从菜碟谈起，此乃涉及“馔”的美学。

一般人皆认为，“书画琴棋诗酒花”为大雅之事，相比之下，“柴米油盐酱醋茶”乃大俗之物，应该崇雅而贬俗；抑或毫无怀疑地接受物质与精神的二分法，认为前者是精神生活，后者是物质生活，前者要建立在后者的基础上。其实，这两方面在物质与精神上都并不割裂，中国人向来只讲心与物之若即若离。茶也更不是俗事，茶与酒很难说谁更俗些，但哪怕是最根基的“吃”，在中国也能成就出一番“生活美学”智慧。

清人张灿有一首通俗的七绝：“书画琴棋诗酒花，当年件件不离他。而今七事都更变，柴米油盐酱醋茶。”明代大才子唐伯虎也有一首妙诗：

“书画琴棋诗酒花，开门七件人人夸。而今有酒独自饮，奈何无人对诗话。”这两首诗都是文人生活落魄的写照，张灿感叹生活由雅归俗，唐伯虎则感慨无人与之神交，但他们皆以“书画琴棋诗酒花”为上。

食色，性也！这是中国人的古训，证明中国人对食与色，皆采取了正视的态度。

茶，也是中国人的最日常饮料，古人既说“饮”茶，也说“吃”茶。西晋文人张载，写有一首《登成都楼诗》对蜀茶赞不绝口，也比较了茶与六饮：“芳茶冠六清，溢味播九区。人生苟安乐，兹土聊可娱。”[1]这就是说，茶的滋味，要远远高于“六清”之味，有了这种中国式饮料带来的快慰，生活是如此美好，那么不如权且留在此地享受人生之安乐吧！

黄庭坚认为，古代君子有“饮食之教在乡党、曲礼”，如今的士大夫“临尊俎则忘之矣”，所以做了个“士君子食时五观”：一、计功多少，量彼来处；二、忖己德行，全缺应供；三、防心离过，贪嗔痴为宗；四、正事良药，为疗形苦；五、为成道业，故受此食。其中第二条，所谓“始于事亲，中于事君，终于立身”，就是说只有从事亲开始，中经事君，最终立身的人才可“尽味”，否则不该追求美味。其中第三条是说食要防三过，“美食则贪，恶食则嗔，终日食而不知食之所从来则痴”，这贪嗔痴的说法来自佛教汉译。遵照这五观，如果士大夫每日都如是而行，“念念在仁智”，即能达到美善合一。

到了后代，“养德”的诉求被延续下来，主要用于饮食之节俭，从而杜绝奢侈。然而，在“养德”的基础上，明人龙遵叙在《饮食绅言》里，又继续加以生发——在“身”上可“养寿”，而在“心”上可“养神”，乃至进入“养气”之境：“一从俭约，则于人无求，于己无愧，是

1　胡山源：《古今茶事》，上海：上海书店1985年影印本，第149页。

《厨事画像砖》描绘的正是厨娘束发、斫脍、烹茶、洗碗的全流程

可以养气也。”[1]

美与味，在中国文化当中关联特别紧密，美餐、美食、美味、滋味之语都常用，“味道美极了”这句广告语也是句日常话。中国古典美学讲究体味、品味、韵味、况味、味外之味、味外之旨，以味言美的词语更为丰富。英文的 beautiful（美的）与 taste（趣味）之勾连，那是相当晚近的事情了，由此形成所谓的“趣味美学”，也是要超出味觉的低级感受的，《说文解字》当中就疏“美”字源为——“羊大为美”——视觉上所观羊的肥美自然“联觉”到味的甘美。

只有如此醉心于“吃”的民族，才有林林总总的“舌尖上的中国”景观。事实也是如此，作为世界美食翘楚的法国大餐顶多十几种，居于次席的土耳其大餐也种类不多，但是同为“世界三大菜系”的中餐何止千千万万？想一想“满汉全席”就全都明白了，还有南北东西那么多的大小菜系。仔细考量，无论中西古今，每种饮食习惯中都有一个各种历史的交汇处，从而形成一种西方人所说的“看不见的生活”的无声

1　龙遵叙：《饮食绅言》，北京：中国商业出版社 1989 年版，第 188 页。

系统。

中国人的“饮食生活美学”真可谓蔚为大观！

唐代的《食谱》《膳夫录》还只是食谱而已，到后来则逐步形成了“食饮文化”，宋以后，此种文化才从为士大夫独享转而为民众所分享。想一想，从林洪的《山家清供》所求的“清”“雅”的饮食之美，朱彝尊的《食宪鸿秘》所录的饮、饭、蔬、果、鱼、禽、卵、肉等十五属食材做法，再到袁枚的《随园食单》所列的三百二十六种菜肴饭点，其中所蕴藏的“生活美学”资源，迄今尚未被全然挖掘出来。丰富的中国饮食文献，并不仅是提供烹调方法与过程的“操作指南”，而同时也是“技近乎道”的审美呈现，但此皆为纸上谈兵，美食“美不美”最终还是要去品味……

愈到古代史后期，“食饮之道”就愈加凸显，甚至还与“尊生”“养生”“摄生”的观念与践行勾连了起来，作为人际交往的“食会”与“酒社”，也甚为风行。这说明，饮食绝不仅仅是个人品味的单干行为，它还与人的护养生存之道息息相关，而且在中国人的沟通交往当中扮演了核心角色，我们多少大小事都是在饭桌上谈成的呢？！

明末清初大文人李渔在《闲情偶寄》里曾专设“饮馔部”，提出饮食之道要近于自然：“声音之道，丝不如竹，竹不如肉，为其渐近自然。吾谓饮食之道，脍不如肉，肉不如蔬，亦以其渐进自然也。”早在宋人林洪的《山家清供》里就提出了尚“清”的美食原则，影响深远，但明清之际奢侈之风又盛，这不能不说是一种矛盾。

近人林语堂先生也曾在《生活的艺术》里以“食品和药物”作为单章论述，不过他将“食物哲学”仅归纳为三事，即新鲜、可口和火候适宜。这种说法就如古罗马人维特鲁威《建筑十书》里讲到建筑三原则“实用、坚固、美观”那般质朴。其实，美食之基本原则不过如此而已，饮食再美也还是饮食。

谈完了吃食，再回来说喝茶。茶，无非就是一种可以泡饮的叶子

周怡《调羹图》册页呈现的是一幅美人调制美食的审美场景

嘛，但这叶子吸“天地精华”的学问可大了，《大观茶论》就说“茶之为物，擅瓯闽之秀气，钟山川之灵禀”；而酒的制作工艺那可就麻烦了，大都需经发酵而成，更依赖于人工化提纯的加工，宋人朱肱著的《酒经》就首度系统而详尽地记载了中国的制曲酿酒工艺流程。

茶与酒，这就对应了两种审美状态：茶是清醒的“静之美”，酒则是迷醉的“动之美”。茶，不能使人醉，所以是一种“日神式”的静穆；酒，往往让人醉，因此是一种“酒神式”的迷狂。

这日神与酒神精神的区分，来自德国哲学家尼采。酒神是狄奥尼索斯，日神为阿波罗，他们其实是古希腊的两位神祇，以之形容两种不同类型的人，意在代表两种在审美过程中的迥异性格：前者全身心地、动态地投入，后者则保持距离地、默默地静观。“参与者是狄奥尼索斯式的人、主使者、富有情感的人、具有即刻反应性的人、生活在娱乐的活泼的领域中。观照者是一种阿波罗式的人、理性主义者、延缓深刻反应性的人、拘泥于形式的人、客观主义者。”[1]

日神是“观照的象征”，酒神则是“行动的象征”。照此而论，“静”之茶使人观照，“动”之酒让人行动，但在西方，尽管美酒也与诗文产生相关，但喝酒行为本身，却未如华夏文化那般被高度“文明化”。

相形之下，西方文化没有形成如此丰富的“酒的美学”“食的美学”与“茶的美学”。明人朱权的《茶谱》则更进《茶经》一步，倡导以茶“悟道”，因为“游心于茶灶”乃“林下一家生活，傲物玩世之事”，从而“有裨于修养之道矣”！

所谓茶中味道，是说茶味关乎道，它不仅是茶的生理之滋味，更是人生的况味!

这个传统延续至今。林语堂先生就曾幽默地说过中国人“最爱喝茶”：在家中喝，上茶馆也是喝；开会时喝，大家讲理也喝；早饭前喝，晚饭后也要喝，有了这“清茶一壶”，似乎到哪里都可以随遇而安了。

清代人陈金诏《观心室笔谈》中所言尤为精辟：“茶色贵白，白亦不难，泉清瓶洁，旋煮旋啜，其色自白。若极嫩之碧螺春，烹以雨水文火，贮壶长久，其色如玉。冬犹嫩绿，味甘香清，纯是一种太和元气，沁人心脾，使人之意也消。茶壶以小为贵，每一客一壶，任独酌独饮，方得茶趣。何也，壶小香不涣散，味不耽迟，不先不后，恰有一时，太早不足，稍缓已过，个中之妙，以心受者自知。茶必色、香、味三者俱全，而香清味鲜，更入精微。须真赏嗜者之性情，从心肺间一一淋漓而出。”[2]

中国茶道“洗尽尘心兴难尽”的超越境界，就融会贯通在整个品茶的过程中，最终从心肺间“淋漓而出”，这是何等的“真性情”！

---

1 【法】于斯曼：《美学》，栾栋、关宝艳译，北京：商务印书馆1995年版，第99—100页。

2 胡晓明、张炼红编：《小品笔记类选》，广州：广东人民出版社2004年版，第306页。

从茶叶（茶色贵白）、茶水（泉清）和茶具（瓶洁）的选择，到火候的把握（烹以雨水文火）、茶汤的观察（贮壶长久）与品味（其色如玉）、茶香（味甘香清）的玩索，每一个步骤，其实都在物质性、技艺性之中融入了“生活美学”的体验。

《观心室笔谈》还提出了“茶壶以小为贵”的审美标准，要求每一客人，人手一壶，独酌独饮，这才是“茶趣”，为何呢？空间上的理由，乃是壶小，使茶香不散，茶味不迟；从时间上，也要把握得不早不晚，早则不足，稍则已过，用心才能感受其“妙”道。如今中国人泡绿茶往往以大壶为主，但在与茶人的交往当中，以小壶冲之，的确更有兴味。

曾有位云南茶人给我复原了《清稗类钞》当中记载的喝茶方法，该工夫茶使用了三个壶：一冲茶、一淋杯、一洗杯，还使用了“以巾覆之”的方法，也就是冲茶后用茶巾覆盖在茶壶上面（既加盖，乃取沸水徐淋壶上，俟水将满盘，覆以巾），味道果不同！感觉所饮春茶，涩味尽除，中空有味，回甘涵咏……

茶道，就是一种“过程美学”抑或“过程哲学”，过程高过结果。茶道也是一种日常生活的美学和哲学，这是我的独特看法，也许更贴近茶的本质。

古人历来重人品，既有诗品与人品合一论，也有“茶品”与人品合一论：饮茶可以见出人品、境界的高低，又可以促进人品、境界的提升。

茶人合一，乃饮茶当中的一种境界，这当然也是高层次的理想。其实，饮茶与人的道德、境界之高低并无必然的联系，嗜茶如命的人中，也不免有贪财好利之徒。更应看重的还是茶道、茶艺的过程具有的“洗尽尘心”的可能性。品茶为人摆脱世俗桎梏、重返生命的自由之境打开了一扇门，至于能否实现这种境界，则要看品茶者本人是否情愿了。

这就要说到茶道与茶艺最关键、最重要的核心要素——人。当然，只有那些知觉敏锐而又想象力丰富的人，才能享受到这如诗如画、如歌如舞般的茶道情趣。有了“什么样的人”还不够，他还要遇到“什么样

《宋人煮茶图真迹》展现了作为生活的『茶之道』的活生生的过程美学

的时机”，就像茶本身讲究火候一样，才能参透饮茶之妙。

从时间性来看，张谦德《续茶经》中的解释尤其能看出古人选茶、采茶时的讲究：“凡茶须在谷雨前采者为佳。其日有雨不采，晴有云不采。晴采矣，又必晨起，承日未出时摘之。若日高露晞，为阳所薄，则芽之膏腴立耗于内，后日受水亦不鲜明。故以早为贵。又采芽必以甲，不以指。以甲则速断不柔，以指摘多温易损。须择之必精，濯之必洁，蒸之必香，火之必皂，方气味俱佳。一失其度，便为茶病。”[1] 由此可见，精择早采、气味俱全、形色兼备的茶，方为上品。

说完茶的时间，再来说茶的空间。古人之所以喜欢在家中营造茶寮、茶室，大概就是因为想要以茶为核心来构筑空间，其实这才是一种“诗意栖居”的所在。茶寮、茶室，就是这样一个把生活观念、理想和境界追求现实化、实践化的日常生活空间。

这一空间不需繁缛的雕饰，也没有复杂的陈设，甚至没有必要宽敞、明亮，只需一尊茶灶、一套茶具、一具矮榻即可：“构一斗室，相傍山斋，内设茶具，教一童子专主茶役，以供长日清谈，寒宵兀坐。”[2] 在茶道宗师东瀛“茶圣”利休的时代，日本在书院式房屋里隔出饮茶空间叫作“茶汤座敷”“数寄屋”“围”，被赞为“市中山居”，后来才建造出以“草庵”为主流的茶室，皆是“以小为美”，将中国人的“茶之美”发展得更为精致与极致。

当饮茶逐步于社会流行成为生活风尚，如唐代人封演的《封氏见闻记》中谈到唐代开始盛行于大众消费层面的饮茶之风时说道：“茶早采者为茶，晚采者为茗。……南人好引之，北人初不多饮。开元中，泰山灵岩寺有降魔师，大兴禅教，学禅务于不寐，又不夕食，皆许其饮茶。

1　陈彬藩等主编：《中国茶文化经典》，北京：光明日报出版社 1999 年版，第 323 页。

2　文震亨原著，陈植校注，杨超伯校注：《长物志校注》，南京：江苏科学技术出版社 1984 年版，第 31 页。

人自怀挟，到处煮饮，以此转相仿效，遂成风俗。自邹、齐、沧、隶渐至京邑，城市多开茗铺，煎茶卖之，不问道俗，投钱取饮。”[1]这里面居然还有关于中国大众消费文化的重要场所——茶馆的最早记载，如今茶馆早已遍天下。

从这篇记述可知，普通民众最先开始饮茶的，是那些禅教的信众，他们认为饮茶可以破困充饥，所以就自备茶叶到泰山一带修行。但对大多数人而言，他们并不是禅教的信众，也不了解茶可以“止渴、令人不眠”的功效，只是看到他人饮茶，就随声附和、亦步亦趋，由此“转相效仿”，竟然掀起了盛行千年而不衰的饮茶风俗。

时至今日，饮茶已经不能被称作“风俗”或“生活风尚”了，而是早已内化为中国人不可或缺的日常生活要素。商人觉得有利可图，就开设了茶铺、茶馆，直到如今的茶空间，也都是如此。但是如今我国的“茶空间”正在面临新一轮的整体升级，过去二十年的茶室规划设计已经过时，而“生活美学”恰恰成了可提升之道。

所以，现在亟待建构的，是中国茶空间的“美学标准”。如果从历史渊源来看，茶寮在明代最初是被狭义使用的，多指在寺庙里设立品茶小斋，明代文人杨慎在《艺林伐山》中就记有“僧寺茗所曰茶寮”。然而，后来的茶“寮”，却超出了佛教的本义，佛教里所谓“寮房”就是长排房，但如今的茶室早已不是僧人居住的房舍，而是单纯的“以茶为本”的美化空间，且在后代获得了越来越丰富的拓展。

当今中国茶美学空间的设置标准，就基本上要求其能体现中国人的生活方式、审美方式。明代“生活美学”大家文震亨的《长物志》就曾定位茶寮为所谓“幽人首务，不可少废者”，意为这些茶空间的设置为幽居之士的首要事务，不可或缺，这就指向了一种全方位的生活规定。

与此同时，“审美标准”更是内在性的规定。《长物志》所谓“构

1　封演：《封氏见闻记校注》卷六，北京：中华书局 1958 年版，第 46 页。

刘松年《撵茶图》描绘了宋代磨茶、点茶的茶会场景。唐人"煎茶"，宋人"点茶"，今人"泡茶"

一斗室，相傍山斋，内设茶具"，无处不浸渍着本土审美化的诉求。建成一间小室，这里的"构"当然是审美地建构，"斗室"本身亦是小而美的。邻近山斋，这是对茶室外部环境的规定；里面陈设茶具，则是茶室内部的规定。从实用目的来看，茶寮内设火炉及炭和木等，所以作为烹茶之所要建在主体建筑之外；从审美目的来看，却是独辟出一片审美空间，其中家具陈设、案头摆设和器物布置，的确在明清"生活美学"那里达到了一次审美高境。

更为关键的是，茶空间不是死的"无人"空间，而是"有人"的活生生的时空，每处茶空间都要根据自身明确的主旨来加以打造，但只有其中的人才能把空间"活化"。《长物志》所谓"教一童专主茶役，以供长日清谈，寒宵兀坐"，就把茶空间盘活了：令一童子专事烹茶，用来供应白日论理、寒夜独坐所需的茶水。另一位"生活美学"大家高濂的《遵生八笺》则又增备上了茶空间的更多的物质条件："茶寮应傍书斋，焚香饼，方可供‘长日清谈，寒宵兀坐’。”

我们可以想象：安排好那位煮茶的童子之后，就要每日去山间取来清澈山泉，以清寒的泉水煮茶必是美茶。来访的客人到了，只要招呼一下，就有茶汤添上，共享“清谈”之美；又或寒冬冷夜，独享茗烟围绕，这是何等鲜活的“生活美学”境界。所以，我们当代人也一定要把茶空间塑造成中国人自己的“生活美学”时空。

喝茶需要好水。陆羽的品泉、论水方法，被沿袭了下来。在其身后不久，刘伯刍就推出了他的“七品”论，以扬子江南零水为第一，无锡惠山寺石水、苏州虎丘寺石水、丹阳县观音寺水、扬州大明寺水、吴松江水和淮水等分列第二至第七位。这与陆羽的观点有诸多不合之处，因此，欧阳修曾专门写过一篇《大明水记》加以辨正，因为不同地方的水，随着气候变化与时间转移，其适合煮茶的质量必定也是变化的。如今“天下第二泉”的无锡惠山泉其实已不可用于煮好茶了。

到了清代，酷爱附庸风雅的乾隆帝，自然也不会放过这个显示自己高超鉴赏能力的机会。他专门写了一篇《玉泉天下第一泉记》，将北京的玉泉列为天下第一，如今许多北京老人还每天去玉泉山搬水喝。为了令天下茶人心服口服，乾隆居然还亮出了科学依据：“以银斗较之，京师玉泉之水，斗重一两……故定为天下第一泉。”

原来，乾隆帝命人专门打造了精致的银斗，随身携带，每巡阅一处，便取当地名泉佳水称量。这样优越的条件，自然是天子之下无人可以比拟的，所以他将水重最轻的玉泉列为天下第一泉，如今的茶科学验水的时候，其实也更注重 pH 值等科学数据。

那么，问题在于，为何水越轻越好？张源的《茶录》中曾分析说：“山顶泉轻而清（按：应为清而轻），山下泉清而重，石中泉清而甘，砂中泉清而冽，土中泉淡而白。流于黄石为佳，泻出青石无用。流动愈于

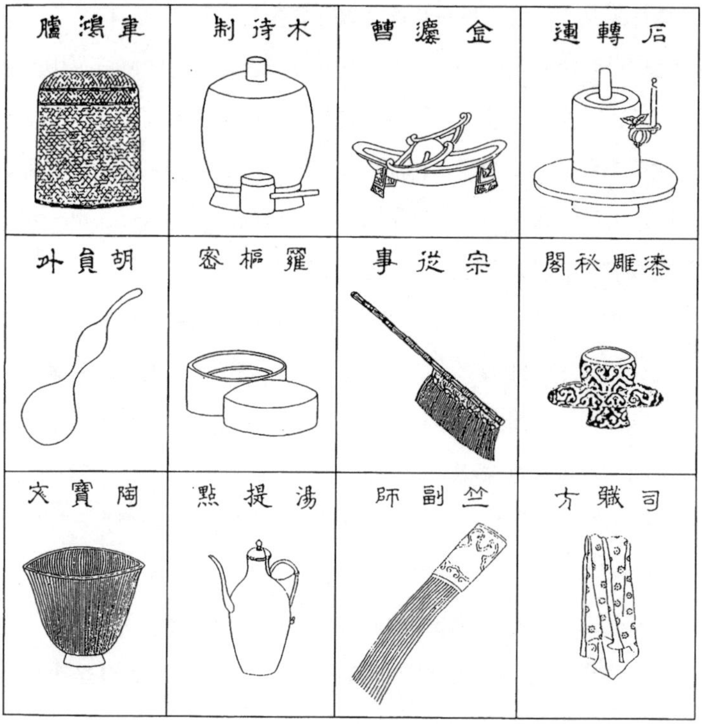

审安老人《茶具图赞》给茶之道所用实用之具赋予了审美的规范标准

安静，负阴者胜于向阳。真源无味，真水无香。”[1]

这才是水之高贵品质，“轻”与“清”只是说水质清澈，所含杂质少，因而味道自然甘洌清爽，这就是茶道崇尚“活水”的原因。如果水出于井中，或在山间、河道中长途奔袭，就会掺入过多的杂质，自然影响水的品质。乾隆依据的准则就在此。不过他大概有健忘之症，兴起之时，就忘了自己精心做的实验和科学依据，往往随口品第。如他尝了济

1　陈彬藩主编：《中国茶文化经典》，北京：光明日报出版社 1999 年版，第 323 页。

南趵突泉的水后，赐名“天下第一泉”，至今仍留有御题碑额；后来到了承德，又说那里的泉水天下第一……时至今日，各地名泉关于“天下第一”的名号之争尤为激烈，而这些泉水又不再因茶而论，而沦为纯粹的名利之争，若古之品泉论水者有知，不知当作何感想。

实际上，品泉、论水不能一概而论，而是要和茶叶搭配起来品味，这样才能见出优劣。唐代人张又新在《煎茶水记》中说过：“夫茶烹于所产处，无不佳也。盖水土之宜，离其处，水功其半……”这才是深谙茶道的通达见解，一味追求好茶、名泉，反而会错过茶、水自然相偕的妙趣，而且茶的生产也有大年小年之变，水的产出也随着天象而动，其实皆不可一概而论。

好的茶器与茶、水相得益彰，能给人带来极佳的审美体验。日本茶道就精于此道，从中土舶来的“唐物”、从朝鲜传去的“高丽瓷”，皆成为东瀛茶道“素朴主义”美学之伴生品，中国茶所需之器，何不是如此呢？

晚唐诗人韩偓说，“越瓯犀液发茶香”，“越瓯”是唐代越窑所产的青瓷茶盏，陆羽曾说，“碗，越州上”。越州茶盏好在何处？越瓷像玉一样温润，像水一样澄澈，其色青，与茶之碧交相辉映，格外赏心悦目。晚唐另一位诗人徐夤专门写过一首咏越州青瓷茶盏诗《贡余秘色茶盏》：“捩翠融青瑞色新，陶成先得贡吾君。功剜明月染春水，轻旋薄冰盛绿云。古镜破苔当席上，嫩荷涵露别江濆。中山竹叶醅初发，多病那堪中十分。”

越窑在唐代为官窑，专门为皇室烧制瓷器，所以其制作工艺、成品都秘不外传，故而称为“秘色”。徐夤用“捩翠融青”来形容它的青翠欲滴，引人生出无限遐想。“功剜明月染春水，轻旋薄冰盛绿云”则是说注入茶汤后的整体感官效果：茶盏青碧如玉，晶莹如冰，绿色的茶汤在其中轻轻回旋，香气氤氲，仿若绿云缭绕……这是何等的享受！又是什么样的人才有资格受用此等清福？所以徐夤不无得意地说，像我这

文徵明《茶具十咏图轴》自题《茶具十咏》十首：分别咏茶坞、茶人、茶笋、茶籝、茶舍、茶灶、茶焙、茶鼎、茶瓯、煮茶

明人《斗茶图》显现出“以茶为戏”的相互竞争之茶文化活动图景

样柔弱的病体，怎堪受用这“十分之福”！

明代以后，散茶冲泡成为饮茶风尚的主流，于是泡茶之器——茶壶又风靡一时，一直延续至今。

砂壶泡茶“盖而不夺香，又无熟汤气，故以泡茶不失厚味。色、香、味皆蕴”[1]。所以这一时期紫砂工艺飞速发展，出现了一批紫砂名匠，如龚春、时大彬等大名远扬。他们在明代日益繁荣的商品经济中大获其利，一柄紫砂壶竟然能卖到一二十两白银，还供不应求，而当时普通市

1　文震亨原著，陈植校注，杨超伯校订：《长物志校注》，南京：江苏科学技术出版社1984年版，第418页。

民一年的生活所需，也不过六两银子。这又是茶道对中国传统文化之推动力的绝佳例证，茶之市场推动的茶的普及，如今好似奢靡的晚明，名家所做的紫砂壶不仅供不应求，而且也被市场推上了天价。

茶艺之中，更能显示人力功效的是“汤候”，也就是煮茶时的火候。这在唐宋的煎茶风尚中尤为重要。有人说，茶之妙，全在火候，这从陆羽《茶经》中所描述的煮茶技巧能窥见一斑。陆羽认为，燃料最好用炭，其次用干烈的木材，因为它们发火猛烈而无烟，不至于影响茶的正味；煮茶时要疾风烈火，煮至三沸，方可食用，但这些讲究在今天来说，已经没有用武之地了。不过值得注意的是，古人煮茶，并非单纯烧水，而是乐在其中，享受烹茶的乐趣。

这就是中国“茶”之道，它独具“生活美学”的魅力和韵味。如今中国人的“茶生活”被返本开新，譬如普洱茶在中原的普及就是在寻求一种新道，为了与日本“茶道”区分开来，我建议还是用“茶之道”来言说中国吧。

茶之道，即生活之道；茶之美，即生活之美！

长物之美

中国人对小小的“物”，有着历史悠久的审美兴趣，同时不断地将各种各样的“物”纳入审美疆界，从而形成了一个又一个彼此差异又环环相扣的美物体系！

在早期的古代汉语中，“美”的用语，不仅用来形容从“人的美”（外形的“美人”“美女”）到内在的“美贤”“美才”，从人与人之间的“人情之美”到“社会的美”（“先王之道之美”“义之美”“和之美”），从“语言的美”（“美言”“文翰之美”）到“歌舞艺术的美”（“响美”“美音”“讴之美”“舞之美”），而且更多地指向“物”——植物的“草木之美”“美禾”，动物的“羽之美”“角之美”，山川的“美景”“丘壑之美”，还有日常生活当中所使用的大量的器物，凡此等等，它们都被囊括到“美的辉光”的照耀之下。

当然，这里的“美”既有纯粹审美意义上所“听”所“见”之“美”，也有“善”升华到审美高度所体悟到的“美”。这恰恰显现出中国传统文化常被认定的伦理本位特质，但是这种本位实乃“美善合一”的，这就开显出华夏文化的“生活美学”之维度。

现如今，这种对“物”加以审美的传统，又得以复兴，这与物质的极大丰富和情感的急遽勃兴直接相关。君不见，今天多少人乐于佩戴各种木质与玉质的手串儿。这就来自中国人独特的恋物传统，当然也在耗尽如和田玉这样的取尽便竭的自然资源。而令人纳闷的是，这“串儿文化”为何如此风靡天下而不衰？这就要回到中国“生活美学”的盛期那里去寻找历史缘由。

明代文人文震亨有一本至今畅销的《长物志》，就是给美物体系立传的书。

究竟何为“长物”呢？“长物”之典，出于《世说新语》，赞美人“作人无长物”，也就是身无多余之物而“清廉贵峻，志存格正”。然而，到了后代则衍生出奢侈的意思，当然多余也是奢侈的前提。

在这本《长物志》甚为流行的时代，文人们更多地把审美品格投射在物上，由此形成了“生活美学之物”的系统呈现，构成了一种中国古代文人所独具的“物之体系”。

《长物志》的作者文震亨，超凡脱俗，实乃真名士也，所以才成就这本关于“生活美学”的典范之作。这部直接以“长物”命名的著作共有 12 卷，按其类目，我们各举一两则妙例：[1]

茶寮（卷一　室庐）

构一斗室，相傍山斋，内设茶具，教一童专主茶役，以供长日清谈，寒宵兀坐；幽人首务，不可少废者。

琴室（卷一　室庐）

古人有于平屋中埋一缸，缸悬铜钟，以发琴声者。然不如层楼之下，盖上有板，则声不散；下空旷，则声透彻。或于乔松、修竹、岩洞、石室之下，地清境绝，更为雅称耳！

山茶（卷二　花木）

蜀茶、滇茶俱贵，黄者尤不易得。人家多配以玉兰，以其花同时，而红白烂然，差俗。又有一种名醉杨妃，开向雪中，更自可爱。

1　文震亨原著，陈植校注，杨超伯校订：《长物志校注》，南京：江苏科学技术出版社 1984 年版，第 31—416 页。

这就是《长物志》所论『堂供必高瓶大枝，方快人意。忌繁杂如缚，忌花瘦于瓶』

桃（卷二　花木）

桃为仙木，能制百鬼，种之成林，如入武陵桃源，亦自有致，第非盆盎及庭除物。桃性早实，十年辄枯，故称“短命花”。碧桃、人面桃差之，较凡桃美，池边宜多植。若桃柳相间，便俗。

瀑布（卷三　水石）

山居引泉，从高而下，为瀑布稍易。园林中欲作此，须截竹长短不一，尽承檐溜，暗接藏石罅中，以斧劈石叠高，下作小池承水，置石林立其下，雨中能令飞泉渍薄，潺湲有声，亦一奇也。尤宜竹间松下，青葱掩映，更自可观。亦有蓄水于山顶，客至去闸，水从空直注者，终不如雨中承溜为雅。盖总属人为，此尚近自然耳。

品石（卷三　水石）

石以灵璧为上，英石次之。然二种品甚贵，购之颇艰，大者尤不易得，高逾数尺者，便属奇品。小者可置几案间，色如漆、声如玉者最佳。横石以蜡地而峰峦峭拔者为上，俗言“灵璧无峰”“英石无坡”，以余所见，亦不尽然。他石纹片粗大，绝无曲折、屼嵂、森耸、崚嶒者。近更有以大块辰砂、石青、石绿为研山、盆石，最俗。

鹤（卷四　禽鱼）

鹤，华亭鹤窠村所出，其体高俊，绿足龟文，最为可爱。江陵鹤泽、维扬俱有之。相鹤但取标格奇俊，唳声清亮，颈欲细而长，足欲瘦而节，身欲人立，背欲直削。蓄之者当筑广台，或高冈土垅之上，居以茅庵，邻以池沼，饲以鱼谷。欲教其舞，俟其饥，置食于空野，使童子拊掌顿足以诱之。习之既熟，一闻拊掌，即便起舞，谓之“食化”。空林野墅，白石青松，惟此君最宜。其余羽族，俱未入品。

百舌　画眉　鸜鹆（卷四　禽鱼）

百舌、画眉、鸜鹆饲养驯熟，绵蛮软语，百种杂出，俱极可听，然亦非幽斋所宜。或于曲廊之下，雕笼画槛，点缀景色则可，吴中最尚此鸟。余谓有禽癖者，当觅茂林高树，听其自然弄声，尤觉可爱。更有小鸟名黄头，好斗，形既不雅，尤属无谓。

悬画月令（卷五　书画）

岁朝宜宋画福神及古名贤像；元宵前后宜看灯、傀儡；正二月宜春游、仕女、梅、杏、山茶、玉兰、桃、李之属；三月三日，宜宋画真武像；清明前后宜牡丹、芍药；四月八日，宜宋元人画佛及宋绣佛像；十四宜宋画纯阳像；端午宜真人玉符，及宋元名笔端阳、龙舟、艾虎、五毒之类；六月宜宋元大楼阁、大幅山水、蒙密树石、大幅云山、采莲、避暑等图；七夕宜穿针乞巧、天孙织女、楼阁、芭蕉、仕女等图；八月宜古桂或天香、书屋等图；九、十月宜菊花、芙蓉、秋江、秋山、枫林等图；十一月宜雪景、蜡梅、水仙、醉杨妃等图；十二月宜钟馗、迎福、驱魅、嫁妹；腊月廿五，宜玉帝、五色云车等图……

道服（卷八　衣饰）

道服制如申衣，以白布为之，四边延以缁色布，或用茶褐为袍，缘以皂布。有月衣，铺地如月，披之则如鹤氅。二者用以坐禅策蹇，披雪避寒，俱不可少。

帐（卷八　衣饰）

这就是《长物志》所论『几榻俱不宜多置，但取古制狭边书几一，置于中，上设笔砚、香合、熏炉之属，俱小而雅』

帐，冬月以茧细或紫花厚布为之，纸帐与细绢等帐俱俗，锦帐、帛帐俱闺阁中物，夏月以蕉布为之，然不易得。吴中青撬纱及花手巾制帐亦可。有以画绢为之，有写山水墨梅于上者，此皆欲雅反俗。更有作大帐，号为漫天帐，夏月坐卧其中，置几榻橱架等物，虽适意，亦不古。寒月小斋中制布帐于窗槛之上，青紫二色可用。

篮舆（卷九　舟车）

山行无济胜之具，则“篮舆”似不可少。武林所制，有坐身踏足处，俱以绳络者，上下峻坂皆平，最为适意，惟不能避风雨。有上置一架，可张小幔者，亦不雅观。

小船（卷九　舟车）

小船，长丈余，阔三尺许，置于池塘中，或时鼓枻中流，或时系于柳阴曲岸，执竿把钓，弄月吟风。以蓝布作一长幔，两边走檐，前以二竹为柱，后缚船尾钉两圈处，一童子刺之。

敞室（卷一〇　位置）

长夏宜敞室，尽去窗槛，前梧后竹，不见日色，列木几极长大者于正中，两傍置长榻无屏者各一。不必挂画，盖佳画夏日易燥，且后壁洞开，亦无处宜悬挂也。北窗设湘竹榻，置簟于上，可以高卧。几上大砚一，青绿水盆一，尊彝之属，俱取大者；置建兰一二盆于几案之侧，奇峰古树，清泉白石，不妨多列；湘帘四垂，望之如入清凉界中。

枇杷（卷一一　蔬果）

枇杷独核者佳，株叶皆可爱，一名“款冬花”，荐之果奁，色如黄金，味绝美。

瓠（卷一一　蔬果）

瓠类不一，诗人所取，抱瓮之余，采之烹之，亦山家一种佳味，第不可与肉食者道耳。

文震亨的友人沈春泽在为《长物志》所作的序言当中，就呼唤所谓的“真韵、真才、真情之士”的出现。他认定：“岂唯庸奴、钝汉不能窥其崖略，即世有真韵致、真才情之士，角异猎奇，自不得不降心以奉启美为金汤，诚宇内一快书，而吾党一快事矣！”[1]

按照现代的观念重新分类的话，“这些物的种类包括植物、动物、矿物，在用途上则有艺品、食物、饰物、器物等等，这些林林总总的物是个人生活经营的客体，从生活的层面来看，它们大体上并非日常实用之物，它们不具生产性——其器物实非作为生产之用，而其食物也非增殖劳动力之粮食。事实上，这些物在归类上本来就不被放置在日常生活的范畴中——也因此被以‘长物’之名。学者王鸿泰认为，这个由‘长物’组合起来的世界，大要可以分为几个面向：空间规划、（古今）器物赏玩、（自然）景物观赏、食物（零食）品尝、美观装饰”。

在《长物志》所营造的审美氛围当中，艺品、食物、饰物、器物都被置于美的笼罩之下。无论是日用诸器，还是陈设物类，都要符合“生活美学”的准则。日用物既要实用又要美观，陈设物既要美观又要赏心，皆要符合文人的“真性情”！

这倒令人回想起大文人白居易，他曾说等到他日弟、妹都婚嫁后，他就“左手引妻子，右手抱琴书”，举家迁来庐山草堂，终老于此，这

1　文震亨原著，陈植校注，杨超伯校订：《长物志校注》，南京：江苏科学技术出版社1984年版，第10页。

当然是理想的说法。而我们更应该关注的是，他对“琴书”二物如此推重：在俗人看来如此可有可无之物，竟然能与妻子儿女相提并论，琴、棋、书、石等赏玩之物对于文人生活的重要性，也就无须更多说明了。

明代中期之后，中国人在生活中追求“清福”“快活”与“人生真乐”，文艺上聚焦于“性灵”“童心”与“闲情逸致”。这种寻求“好日子”的美学例证，简直不胜枚举，俯拾皆是。

这种“生活美学”的大势，在大文人钱谦益的笔下，曾被生动地描述出来：“世之盛也，天下物力盛，文网疏，风俗美。士大夫闲居无事，相与轻衣缓带，留连文酒。而其子弟之佳者，往往荫藉高华，寄托旷达。居处则园林池馆，泉石花药。鉴赏则法书名画，钟鼎彝器。又以其闲征歌选伎，博簺蹴鞠，无朝非花，靡夕不月。……少潜瞿氏，讳式耒，故礼部尚书文懿公之孙，而太仆寺少卿讳汝稷之子也。孝友顺祥，服习家教。多材艺，书法画品，不学而能。室铺一几，庭支一石，信手位置，皆楚楚可人意。性好客，疏窗棐几，焚香布席，客至依依不忍去。人以为有承平王孙公子之遗风，王晋卿、赵明诚之辈流也。”[1]

这篇《瞿少潜哀辞》先说的是晚明的社会状态，物质的极大丰富给文人审美提供了基础，这也就是钱谦益对前朝盛世天下之“物力盛，文网疏，风俗美”的追忆，但事实恰恰是明代已由盛而衰，在一个日渐衰落之世，求美之风尤盛。

与此同时，“生活美学”更是所谓“士大夫闲居无事”的产物：“法书”“名画”“钟鼎”“彝器”之鉴赏，“文酒”“征歌”“选伎”“博簺”“蹴鞠”之娱乐，“园林”“花木”“（室内的）铺几”“（庭内的）摆石”“焚香”“布席”之爱好，都被一一列举，并被并列起来（鉴赏也未高出爱好，爱好未曾高于娱乐），它们就落实在日常生活的情境当中，

1　钱谦益：《瞿少潜哀辞》，《牧斋初学集》卷七十八，上海：上海古籍出版社 1995 年版，第 1690—1691 页。

明清之际对“物”之闲赏的审美追求，已经达到了一种极致状态

而并未超出日常生活。

对物的闲赏，在当时已经取得了与传统字画鉴赏同样高的地位，这恰恰折射出社会发展的结果，“生活美学”已经成为社会文化主流：“在此，钱谦益将法书、名画、钟鼎、彝器之鉴赏与文酒、园林、歌伎、花木之好，甚至，居室空间中一几一石之摆置，相提并论。如此，字画的鉴赏乃与其他的闲赏活动相关联起来，而且成为生活的一部分。此叙述显示在钱氏的观点中，这些活动乃是士人整体闲雅文化的一部分。学者王鸿泰认为，这种说法也反映出明中期以来，‘闲雅’的生活形态形成，书画的品评乃其中的一个环节。这种关联性是值得注意的，字画之类艺术的创作与品赏本来就是中国士人的重要传统，但是在此它们被整合到其他的赏玩活动脉络中，而且着落在日常生活情境中，发展成一种美学式的生活形态，而且这种生活形态成为一种普遍流行的社会文化。”

“生活美学”既然是“文人”的生活，那么，也要具体归于文人的“生活本身”。但是，文人生活只是形成了一种社会的范导，如果没有社会上的那些骚客的追逐与力捧，就不会形成一种社会审美化的巨浪。

一般人说“物质生活”，往往就是在说吃、穿、住、行、用这些领域内的物，它们往往成为审美的“恋物”的对象。当然，任何高度发展的文明都会在物质文化上形成自己的“系统”。近期就有孙机先生在《中国古代物质文化》当中，从“农业与膳食”“酒、茶、糖、烟”“纺织与服装”“建筑与家具”“交通工具”“冶金”“玉器、漆器、瓷器”“文具、印刷、乐器”“武备”“科学技术”十个方面，对中华物质文化进行了深入探讨。这从体例上说可算力求完备了，但是其划分物质的方式则深受西方的影响，而丰富的中华文化的物化形态，又何止这十个方面！

然而，问题的另一面则是，任何作为“物”的器具，其实都是为人所用的，也就是为人类生活而生产与使用的。显而易见，被使用的才是“活物”，被弃用的易成“死物”，乃至随着历史发展而化作“文物”，后代对文物的喜爱也是在“活化”这个传统，这就是为何如今“美物”传统仍然存在于中国人的生活之中。

再从微观的视角来定位“物”。这个物，在西方汉学家看来主要是指一种所谓的“物质文化”（Material Culture），显然这是艺术史研究横向受到西方文化研究影响的结果。当然，文化研究当中的“视觉文化”（Visual Culture）研究与这种“物质文化”研究尽管相互借鉴，但是仍有差异。英国汉学家柯律格 1991 年出版的《长物：早期现代中国的物质文化与社会地位》一书，无疑是中国艺术史研究在“物质文化”这方面的奠基作之一，该书从西学的新视角重新审视了中国物质文化，有所得，亦有所失也。

当时寄托中国人闲情的，不仅是本土产的土货，还有不少来自国外的洋货。所以大可置疑的便是汉学研究那种“东西二元论”的倾向。譬如说在明晚期中国文化当中大量出现的折扇最初就是东瀛的舶来之物，元代的青花瓷如果没有来自中东的“苏麻离青”，怎么会大放光彩？恰恰是这种物质文化的中外交换“清楚地呈现出世界各地物质交流及其文

恋“物”的审美传统形成了中国人蔚为大观与精细分化的“赏玩”体系

化移转的丰富面貌，不但挑战了东西二元论的旧典范，也修正了许多文化概念的缺失”，[1] 这种中西交融研究可谓意义重大。其实早在石器时代各大洲之间便出现了这种物质交换。

对于整个中国古典“生活美学”而言，明清趣味这一段“生活美学”具有极其特殊的历史与现实价值：“明清间文人所建构起来的‘雅’的社会文化，可以说就是在闲隐的生活理念上，架构出一种离异于世俗的生活意境，进而在其中填充各种‘长物’，再以此长物为感官对象，于此展开亲密的互动，由此开展出丰富的生活内涵。如此，士人将其生命获得投注、沉溺于诸种长物，于此开展出丰富的感官活动，用以寄托个人的情感，在感官的伸展与情感的投注下，生活呈现出一种别具一位的情境 —— 一种离异于现实的、世俗的世界的雅的境界。这种雅境成为文人用来安身立命的处所。”（王鸿泰《闲情雅致——明清间文人的生活经营与品赏文化》）这种雅境，也是明清“生活美学”所追求的境界之一，但是为何形成了这种审美境界追求呢？

我认为，明清“生活美学”的独特拓展之处就在于 —— “情”的复苏与“物”的丰富！这就是为何要说长物：闲情何处寄？

一方面，我们来看“物”的丰富，这就是随“物”而婉转，譬如张大复在《梅花草堂笔谈》里面写道：“一卷书，一麈尾，一壶茶，一盆果，一重裘，一单绮，一奚奴，一骏马，一溪云，一潭水，一庭花，一林雪，一曲房，一竹榻，一枕梦，一爱妾，一片石，一轮月，逍遥三十年，然后一芒鞋，一斗笠，一竹杖，一破衲，到处名山，随缘福地，也不枉了眼耳鼻舌身意随我一场也。”

但在如此丰富的“书、麈尾、茶、果、裘、绮、奚奴、骏马、溪云、潭水、庭花、林雪、曲房、竹榻、梦、爱妾、片石、月、芒鞋、斗笠、竹杖、破衲、名山、福地”之背后，到底是什么随“物”而婉转？

---

1 【英】柯律格：《物质文化：在东西二元论之外》，《新史学》第十七卷第四期（2006 年）。

刘松年《博古图》展现的乃是人们通过古董进行交往的画面

当然是“心”，文人之心。那么，究竟是什么与“心”而徘徊？无非就是这些被审美化之“物”了！

另一方面，我们再来看“心”的丰盈，这就是与“心”而徘徊。譬如陈眉公在《太平清话》中有言：“香令人幽，酒令人远，茶令人爽，琴令人寂，棋令人闲，剑令人侠，杖令人轻，麈令人雅，月令人清，竹令人冷，花令人韵，石令人隽，雪令人旷，僧令人淡，蒲团令人野，美人令人怜，山水令人奇，书史令人博，金石鼎彝令人古。”

所谓的幽、远、爽、寂、闲、侠、轻、雅、清、冷、韵、隽、旷、淡、野、怜、奇、博、古，显然不是物的状态抑或姿态，而是人的心境或情态！这“古今清华美妙之气”，可一洗人间之“氛垢”，澡雪生命之

“精神”，从而使人展露出活泼之“本心”。

对于晚明以降的“生活美学”而言，这一“情”与一“物”，并不是割裂的，而是交融在一起的。“情”虽指向人际交往当中的人，但也可以指向“物”，形成“物之情”，从而形成了一种以“闲赏”为核心的美学运动。

再举个具体的例证。宋代诗人苏舜钦在流寓苏州时曾给朋友写信说：“此虽与兄弟亲戚相远，而伏腊稍足，居室稍宽，又无终日应接奔走之苦，耳目清旷，不设机关以待人，心安闲而体舒放。三商而眠，高舂而起，静院明窗之下，罗列图史琴尊以自愉。逾月不迹公门，有兴则泛小舟出盘阊，吟啸览古于江山之间。渚茶野酿，足以消忧；莼鲈稻蟹，足以适口。又多高僧隐君子，佛庙胜绝。家有园林，珍花奇石，曲池高台，鱼鸟流连，不觉日暮。”[1]

其中，令苏舜钦流连的是苏州安闲舒适的“生活审美”状态：心胸旷达，不用机关算尽去应付官场是非，日常起居皆随心所欲；闲暇无聊的时候，就把玩欣赏图史琴尊、珍花奇石，或荡舟出游，品茶饮酒，从而实现了从“耳目清旷”到“心安闲”的升华。

俗话说“玩物丧志”，玩“物”也一定要把握“度”，很多古人恰恰是玩“美物”玩得执迷不悟，从而得上了“恋物癖”。

赏玩琴、棋、书、石，竟能让人上瘾成癖？这一说法似乎有些耸人听闻，却是不争的事实。我们且看一个极端的例子：昆山人许虬（号竹隐）罢官后闲居在家乡的海藏庵。一天，庵里突然失火，许虬本来已经逃出火海，突然又冒死冲进去。等他九死一生出来时，手里却只拿着一个破蒲团。围观者都极为惊讶，他却说：“老夫一生受用，都在这个，

1　苏舜钦：《答韩持国书》，见沈文倬校点：《苏舜钦集》卷十，上海：上海古籍出版社 1981 年版，第 110 页。

明人《春景货郎图轴》描述的恰是明代“物文化”的极大丰富

失去便无处立脚矣！”[1]

许虬的故事，即使放在《世说新语》的《溺惑》《任诞》等篇目中，也毫不逊色，堪称一种常人难以理解却又令人仰慕不已的“名士风度”，但其所作所为显得如此偏狭。事情总需反过来再看，许虬的赏玩嗜癖在于蒲团，即使病入膏肓，也不至于祸及他人；而那些价值不菲的古董、书画、奇石等，则往往令嗜癖者做出有悖公德，甚至是劳民伤财的荒唐事。

“雅癖”若此，实在是遗祸不浅。可惜当局者迷，就连一向以道德

1　王应奎撰，王彬、严英俊点校：《柳南随笔·续笔》，北京：中华书局 2006 年版，第 35 页。

标杆自我标榜的文人士大夫也不能免俗。宋代大书画家米芾酷爱收藏古人书画真迹，为达目的，机巧奸诈、强取豪夺、不择手段，如今也常被人诟病。

米芾获得宝贝的惯用手法就是哭闹。他曾在江苏仪征江边船上遇到一个宦官，舟中藏有王羲之的真迹，便拿一幅古画请求与对方交换。对方当然不答应，谁知米芾竟然大哭大闹，扒着船舷要跳水，以死相逼。宦官无奈之下，只好答应。

据宋人周辉《清波杂志》记载，米芾常以借观之名，行调包之实。米芾书画妙绝一世，临摹功夫自然臻入化境，真伪莫辨。他常常打着观摩的旗号，从别人那里借来珍贵的书画，精心临摹。等到归还的时候，他或是直接把自己临摹的赝品送去，或是把真迹与赝品放在一起，让原主自己辨识。眼力不济的，便吃了哑巴亏。

据说他在涟水任职时，遇到有人出售唐代画家戴嵩所画的《牛图》，戴氏擅长画牛，这幅《牛图》是其得意之作。他就借来数日，故技重演，轻易得逞。没想到，过了几日，画主人竟找上门来，要求归还原作。米芾百般抵赖，非让对方说个所以然来。幸好那人此前对原作极为熟悉，发现了米芾临摹的赝品与原作的细微差别：“（原作）牛目中有牧童影，此则无也！”[1]

中国古代最知名的“恋物痞”当属这位大画家米芾。米芾为了得到心爱的美物，往往使用各种“软磨硬抢”的伎俩来达到目的，至少在朋辈中，这种“巧偷豪夺”的行径引来诸多不满。苏轼就曾经在诗中委婉地讽刺他说：“锦囊玉轴来无趾，粲然夺真疑圣智。”那些金装玉裹的书画又没有脚，怎会无缘无故跑到你这儿来呢？“粲然夺真”一语，貌似赞叹米芾的临摹功夫可以以假乱真，实际上却是发奸露覆，道出了米芾藏品丰富的来由。除了旁敲侧击，苏轼直截了当地说：“巧偷豪夺古

1　周辉撰，刘永翔校注：《清波杂志校注》，北京：中华书局 1994 年版，第 225—226 页。

来有，一笑谁似痴虎头。”

诗中所说的“痴虎头”是晋代画家顾恺之的典故。顾恺之小字虎头，博学多闻，诗赋书法俱精，尤其擅长人物画。据说他曾经把整整一橱书画贴上封条后寄存到桓玄家。桓玄打开橱门，把里面的书画悉数偷走，又贴上封条，装作若无其事的样子送还给他。顾恺之见封条如故，书画却不见了，便以为书画通灵，像人升仙一样“变化而去”。苏轼这样说，恐怕是提醒米芾，巧偷豪夺的事儿还是少做为妙，世上有几人像顾虎头这般傻呢？

清代大学者钱谦益有“书癖”，藏书富甲江南，其最得意的藏品是一部宋版前、后《汉书》，他失去此书的心情被如此描述出来：“床头黄金尽，生平第一杀风景事也。此书去我之日，殊难为怀。李后主去国，听教坊杂曲‘挥泪对宫娥’一段，约略相似。”[1]这套刊刻于北宋初年的皇室藏书的确珍贵，赵孟頫得后珍视异常，曾留下“子孙永藏，不得变卖”的遗训。钱谦益就是用一千两银子买得，可为何又要转手卖掉呢？

原来，钱谦益迎娶名妓柳如是后，欲行金屋藏娇的美事。这就首先要有“金屋”，就是后来的绛云楼。手头拮据，只好变卖藏书。他昔日的学生谢象三也嗜好藏书，就提出要买这部前、后《汉书》，还杀价二百两银子。既是师徒，不从中接济也就罢了，为何还要趁火打劫？坊间的传闻是谢象三对柳如是觊觎已久，无奈落花有意，流水无情，柳氏竟然嫁给了钱谦益！[2]此举大概有泄愤之嫌？这套书的曾经的拥有者赵孟頫、陆完、王世贞、钱谦益以及谢象三，都是嗜书成癖的人，一部宋版古籍在他们手中辗转留传，既见证了他们的地位升降、家势浮沉，又

1　钱谦益：《跋前后汉书》，《牧斋初学集》下册，上海：上海古籍出版社 2009 年版，第 1781 页。

2　全祖望：《题视师纪略》，《全祖望集汇校集注》，上海：上海古籍出版社 2000 年版，第 1349 页。

萧晨《滑稽禅隐图册》里有米芾拜石“留意于物”的痴迷形象，他的《东坡博古图扇》里则有苏轼把玩古物“寓意于物”的形象

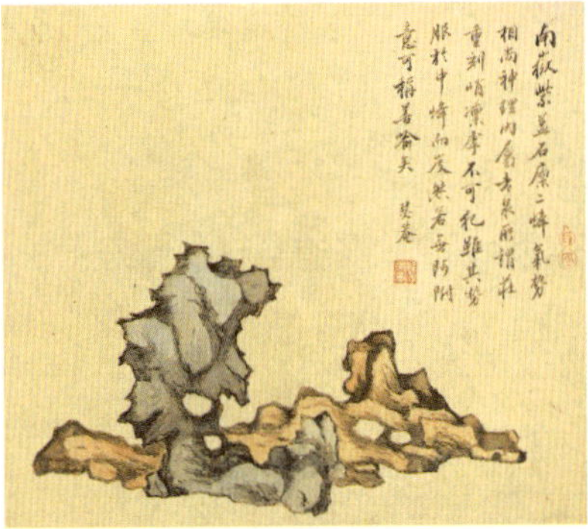

胡贞开《绘石册》里描绘的南岳七十二峰当中紫盖峰石所形成的双峰造型

目睹了其间的人事纷扰。不知这部古书辗转之后，又会花落谁家，亲历多少恩怨情仇。

求“闲”恋“赏”，只要渠道正确、方式得体，就不会产生消极的后果，所以一定要把握“度”，这也算是对如今的瘾君子们的某种警示吧。如果百无聊赖、肆意妄为，就有十二分的危险，不仅有损自身，还会祸及他人。古人早就对此洞若观火，因此对“闲”格外防范。如《周易》说：“闲邪存其诚。”“闲邪”就是“防闲邪”的意思，亦即防范因闲而入邪、作恶。

因此，“闲邪存诚”就成了中国文化传统针对人的闲暇时光专门订立的教条。而我们日常生活中常用的一些成语、习语，也往往对“闲”有高度的警惕和严厉的批评，诸如“闲是闲非”“游手好闲”“荡检逾闲”等。“防闲”最好的方式，自然是“存诚”，保持对崇高道德境界的诚挚和专注，在日常生活中不断修德成善。其具体的途径，就是一面读圣贤之言，虚心向善；一面检点自我，克制欲望。

赏玩成癖也不一定非得费尽心机、巧取豪夺、罗致眼前。心胸旷达、意趣高远的人即便沾染上了某种嗜癖，也总是有智慧、有毅力摆脱物欲情累，达到心无所系的自由境界——这里所说的“自由”，并不是随心所欲、为所欲为，而是指冲破了欲望束缚、心无挂碍的人生境界。

按照白居易的说法，文人各有自己的嗜好：“玄晏先生（皇甫谧）嗜书，嵇中散（嵇康）嗜琴，靖节先生（陶渊明）嗜酒，今丞相奇章公（牛僧孺）嗜石。”其中，那位牛僧孺曾高居宰相之位，平生从不纳贿，但“于此物，独不廉让”。

这也就是说，牛僧孺一辈子都不受贿，但收礼只收奇石。白居易在《太湖石记》中说，牛僧孺的下属们“知公之心，惟石是好，乃钩深致远，献瑰纳奇，四五年间，累累而至……东第南墅，列而置之”，这大概就是典型的投其所好了。本来，赏玩奇石本身只是个人趣味，无足轻重，但若想到庞大、笨重的太湖石的开采、运送过程，不知要靡费多少人力、物力，再加上僚属们奉送礼物，又是各有所图，牛僧孺的“石癖”显然就得另作评判了。

实际上，与其将奇石攫为己有，不如公之于众，让世人都能欣赏到其“奇异之美”。这就是欧阳修的赏玩境界，更是他的生活态度和人生选择所能达到的崇高境界，甚至毫不夸张地说，这个“一赏而足”而不必取之，堪称中国“生活美学”史上的空谷足音。

明清之际的生活美学大家李渔说过一句发人深省的话，恰可作为对赏玩之美的绝佳概括——“眼界关乎心境，人欲活泼其心，先宜活泼其眼”！[1]

1　李渔：《闲情偶寄》卷四，杭州：浙江古籍出版社2010年版，第232页。

栖居之美

德国诗人赫尔德琳有一句诗，在中国广为传颂：人，充满劳绩，却诗意地，栖居在大地上……

实际上，按照中国人的“生活美学”智慧：“栖”是自然的，“居”则是文化的，“栖居”则是自然与文化的统一。中国古人造园是为了回归自然，早在黄帝时代，就有了“玄圃”的记载：“鸣凤在林，黄帝之园多。”这种对自然的回归，所指向的是人本性中的原始冲动和欲望，只不过这种冲动和欲望在历史上愈来愈被“文化化”了。

一般而言，动物是栖息，在自然当中栖息，人是居住，在群落当中居住，尽管人也向往荒野，但唯有人才能“诗意地栖居”。

北宋大儒邵雍曾有《闲居吟》，就一派儒生栖居的大气象——“闲居须是洛中居，天下闲居皆莫如。文物四方贤俊地，山川千古帝王都。绝奇花畔持芳酮，最软草间移小车。只有尧夫负亲旧，交亲殊不负尧夫。”

这就要追溯到“孔子闲居”，其目的乃在于以“仁”与天地参！后世的宋明理学家们以孟学的“仁者以天地万物为一体”的精神，试图对孔学加以再度开新，其所倡导的“新仁学”取向，即内现“心体”之仁而外显天地之“仁”，这起码在《礼记》那里就已初见端倪，孔子早就有了“参赞”天地的智慧。

所以，按照儒家“生活美学”原则，闲居可参于天地！

《孔子家语·六本》卷四当中亦有记载，孔子希望与道德高尚的人同居，因为，“与善人居，如入芝兰之室，久而不闻其香，即与之化矣”，反之也是一种“化”，但“与不善人居，如入鲍鱼之肆，久而不闻其臭，

仇英《孔子圣绩图》之《击磬图》内有孔子闲居的气象呈现

亦与之化矣”，因此，“丹之所藏者赤，漆之所藏者黑。是以君子必慎其所处者焉”，这就是儒家居住的“近朱者赤，近墨者黑”的道德原则，想一想“孟母三迁”的故事就可得到证明。然而，后人的闲居，却越来越少了那种“通仁”的道德意义，而越来越多了“休闲”的审美价值！

明清时期，兴造私家园林在江南一带蔚然成风。许多文人士大夫都不惜巨资，大兴土木，为自己营造一方暂离世俗世界的清静空间。吴宽的好友、江南著名的儿科大夫钱同爱就是其中尤为豪奢的一位。

钱同爱也是长洲（今苏州）人，字孔周，别号野亭，出身著名的医学世家，以儿科见长，家资富厚。据文徵明说，钱同爱有“高明踔绝之才”“輘轹奋迅之气”，为人“感慨激昂，以豪俊自命”[1]。他早年六次参加科举不第，心灰意冷，便绝意仕途，纵情寻乐；又性喜藏书，曾经悬金饼征购书籍，藏书富甲一方。他和文徵明、唐寅、徐祯卿等江南才子自幼相识，相知莫逆。

何良俊的《四友斋丛说》中曾记载过一则故事，足以证明他们之间的交情深厚：“钱同爱少年时，一日请衡山（文徵明）泛石湖，雇游山船以行，唤一妓女匿之梢中。船既开，唤此妓出见。衡山仓皇求去，同爱命舟人速行，衡山窘迫无计。同爱平生极好洁，有米南宫、倪云林之癖。衡山真率，不甚检点服饰，其足纨甚臭，至不可向迩。衡山即脱去袜，以足纨玩弄，遂披拂于同爱颈面上。同爱至不能忍，即令舟人泊船，放衡山登岸。”[2]

文徵明生平洁身自好，不喜声伎，尤其不愿意与妓女同处。钱同爱把妓女藏在舟中，诳他上船。开船后再让妓女挑弄文徵明，看他的窘迫无端之状，可谓戏谑已甚。文徵明无奈之下，只好以其人之道，还治其人之身。钱同爱有洁癖，而文徵明不注意个人卫生，他的臭脚远近闻名。于是文徵明就在游船上脱鞋解袜，玩弄一番，臭得钱同爱无法忍受，只好放他一马——何良俊说这两人“若薰莸不同器，然相与一世，终不失欢”，也就是说两个人一个是香花，一个是臭草，本是水火不容之物，却友爱一生，未有龃龉。这里两人互相捉弄的故事，大概是他们友情的小插曲吧！

当然，这些画作中的生活和人生，都像唐寅的《野亭霭瑞图》一样经过一番修饰和去取，指出这一点，并不是要揭发唐寅等人的“虚

1　文徵明：《钱孔周墓志铭》，《文徵明集》卷三十三，上海：上海古籍出版社 1987 年版，第 756 页。

2　何良俊：《四友斋丛说》卷十八，北京：中华书局 1997 年版，第 158 页。

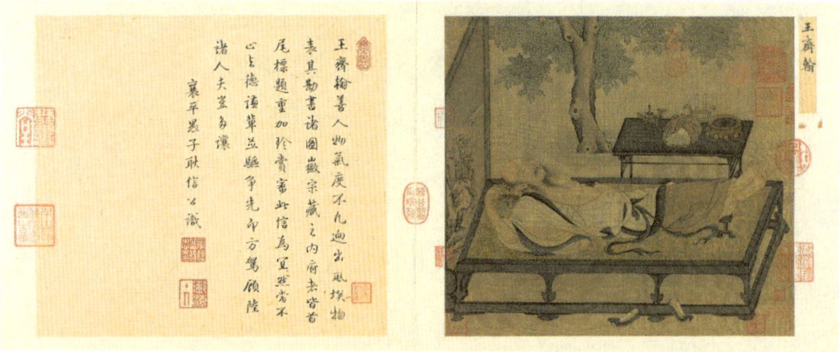

《名笔集胜册》之《宋人槐荫消夏页》表现的正是在夏日庭院当中卧榻休闲的景致

伪”“做作”，而是想说明一个朴素的道理：艺术总是要以现实的生活经验为素材的，但好的艺术品并不是要分毫毕现地全面呈现生活的全部内容，而是要有所取舍。艺术家在俯冲到生活的经验海洋中之后，不凝滞、不黏着，而是打捞萃取出生活经验中闪耀着理想光辉的一面，将其提纯、强化并表现出来。

计成是中国古代的“造园大师”，他有一部《园冶》留存于世，从中可窥见造园的“生活美学”。明末郑元勋在计成的《园冶题词》中说计成：“常以剩水残山，不足穷其底蕴，妄欲罗十岳为一区，驱五丁为众役，悉致琪花瑶草，古木仙禽，供其点缀，使大地焕然改观，是一快事，恨无此大主人耳！”[1]明末文人喜好夸张，天底下自然没有如此财大气粗的人，让计成以华夏大地为素材重整山河。不过，山河虽搬不动、运不走，却可以“借”来，这就是传统造园中最具人工智巧的一种智慧和方法——“借景”。

借景是园林和建筑修造中充分调用周围环境因素，来拓展景观和

1 张家骥：《园冶全释》，太原：山西古籍出版社 2002 年版，第 143 页。

空间视野的方法。园林的空间是有限的，相对而言，人的视野就受限了许多，但如果在园林景观设计时能以人的视点为中心，把远处目见可及的景观也容纳进来，这样就能收到从局部见整体、以有限的空间营造无限的景致的审美效果。计成尤为看重借景在造园中的作用，他说："夫借景，林园之最要者也。如远借、邻借、仰借、俯借、应时而借。然物情所逗，目寄心期，似意在笔先，庶几描写之尽哉。"[1]

"远借"是由近处眺望远处，"邻借"是由此及彼环顾四周，"仰借"与"俯借"是根据自身所处的地势高低从下望上或居高俯瞰，"应时而借"则是根据四时环境的更迭来借景。计成认为借景是最重要的造园方法，要将这一方法付诸实践，须得对周围的自然和人文环境、景观成竹在胸才行。这纯然是用眼观目见的一切来装点自己的生活了。

沈复在皖城南城外游览过一处园林，堪称虚实相生的造园典范。这座园林背靠城墙，南临湖水，东西狭长，南北短促，很难经营布局，设计不好的话，园中景致几乎可以一眼收尽，没有余味。园林的建造者为了克服这一困难，采取了"重台叠馆"的造园法："重台者，屋上作月台为庭院，叠石栽花于上，使游人不知脚下有屋。盖上叠石者则下实，上庭院者则下虚，故花木仍得地气而生也。叠馆者，楼上作轩，轩上再作平台。上下盘折，重叠四层，且有小池，水不漏泄，竟莫测其何虚何实。其立脚全用砖石为之，承重仿照西洋立柱法。幸面对南湖，目无所阻，骋怀游览，胜于平园，真人工之奇绝者。"[2]

这座园林，既然选址恶劣，没有营造景观的纵深感、层次感的平面空间，那干脆就将原本平铺的景物立体化，将庭院和花园搬到屋顶楼上，在楼上再建造临水的回廊，这样，原本纵横布列的虚实景观，如"实"的假山、花木，与"虚"的庭院、高轩、水池等，转换成了上下

1　张家骥：《园冶全释》，太原：山西古籍出版社 2002 年版，第 326 页。

2　沈复：《浮生六记》卷四，北京：人民文学出版社 2010 年版，第 77 页。

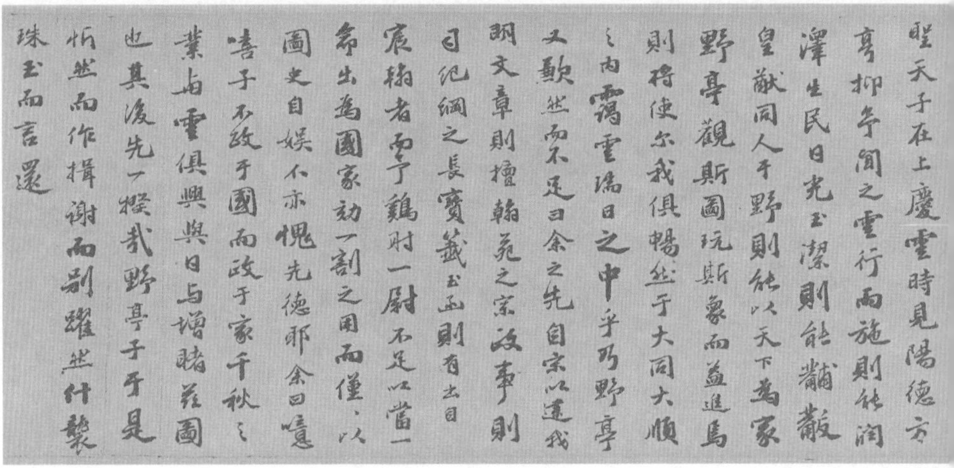
聖天子在上慶雲時見陽德方亨抑予聞之雲行雨施則能潤澤生民日光玉潔則能黼黻皇猷同人于野則能以天下為家野亭觀斯圖玩斯象而益進焉則將使尔我俱暢然于大同大順之內靄雲瑞日之中乎巧野亭又歎然而不足曰余之先自宋以逮我明文章則擅翰苑之宗政事則司紀綱之長寶藏玉函則有出自宸翰者而予鷄肘一尉不足以當一命出為國家効一割之用而僅僅以圖史自娛不亦愧先德耶余曰噫嘻子不政于國而政于家千秋之業與雲俱興與日與增睹茲圖也其後先一揆哉野亭子于是忻然而作揖謝而副躍然什襲珠玉而言還

唐寅《野亭靄瑞图》赋予了主人公与野亭以超凡脱俗之意味

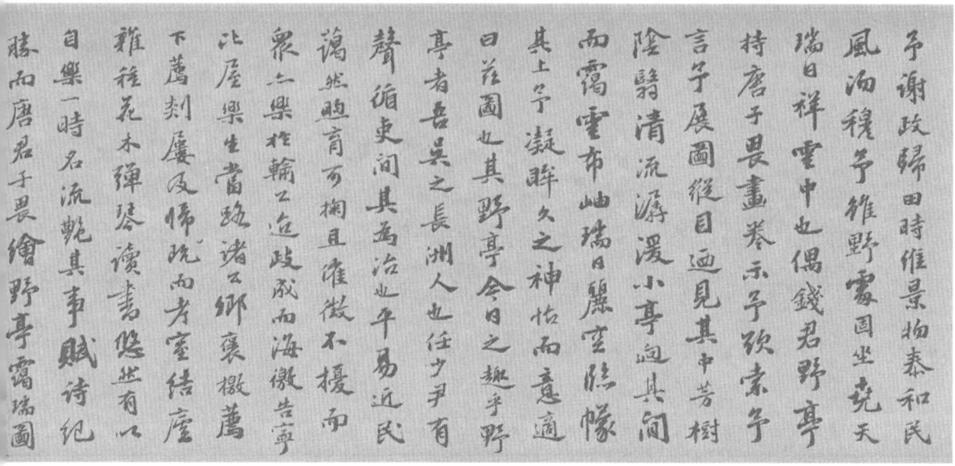

予謝政歸田時值景物泰和民
風淳穆予雖野處固坐堯天
瑞日祥雲中也偶錢君野亭
持唐子畏畫卷示予欲索予
言予展圖縱目逈見其中芳樹
陰翳清流潺湲小亭逈其間
而靄雲布岫瑞日麗空臨檐
其上予凝睇久之神怡而意適
曰茲圖也其野亭今日之趣乎野
亭者吾吳之長洲人也任少尹有
聲循吏間其爲治也平易近民
藹然煦育可掬且維徵不擾而
衆亦樂於輸以迨政成而海徼告寧
比屋樂生當路諸公鄉襄擬薦
下薦剡屢及佛既而考室結廬
雜種花木彈琴讀書悠然有以
自樂一時名流艷其事賦詩紀
勝而唐君子畏繪野亭靄瑞圖

交错的立体布局。又充分发挥了借景的手法，把南面浩渺的湖水借来，成为凭栏远眺之一景。游人穿梭在厅堂、楼阁、庭院、回廊、花园等不同的景观中时，实际上是在曲折回环地上下游走，却忘记了身在空中之虚。这座空中花园，还借鉴了西洋建筑的样式，给人一种身在异域的惊奇感，自然要远胜于一般的园林了。

中国古代的造园高手，许多都擅长绘画，中国园林的蓝本，也大都出自山水画家之手。人们按照自己的理想和意图，在平面空间中先图绘出心目中的奇山异水，然后付诸实践。这实践过程中虽有一系列的空间转换和技术操作，但山水画的基本原则和手法，如实地在造园中延续下来。这是中国园林从山水画中汲取的智慧和方法。而园林又常常被山水画家写入画图，成为山水画的题材和表现对象，这又是园林对山水画艺术的反哺和回馈了。

计成在《园冶》的自序中说过："不佞少以绘名，性好搜奇，最喜关仝、荆浩笔意，每宗之。游燕及楚，终岁归吴，择居润州。环润皆佳山水，润之好事者，取石巧者置竹木间为假山，予偶观之，为发一笑。或问曰：'何笑？'予曰：'世所闻有真斯有假，胡不假真山形，而假迎勾芒者之拳磊乎？'或曰：'君能之乎？'遂偶为成'壁'，睹观者俱称：'俨然佳山也！'遂播闻于远近……"[1]

这是一代造园大师的自述。他说自己少年的时候就以绘画驰名，性情喜好游山玩水，搜奇寻胜，最倾慕的是关仝和荆浩的山水画，荆、关的山水画以气势浑厚、构图丰满著称。计成先是到北方和楚地游历，后来回到吴地。他所安家的润州，也就是今日镇江，也是山清水秀，但当地人不懂得欣赏，常用一些奇形怪状的石头，在花木间堆积假山。计成看后常常哑然失笑。别人问他为何发笑，他回答说：这世界上正是因为有"真"，才有所谓的"假"，既然造"假山"，为何不模仿"真山"，却

1　张家骥：《园冶全释》，太原：山西古籍出版社 2002 年版，第 154 页。

文徵明《高人名园图轴》就采取了对于远山的“借景”方法

仿照祭祀春神勾芒时所垒的石堆呢？偶然间他露了一手，用石头堆叠了一座壁山，几可乱真，备受称赞，声名鹊起。

从上面这段自白来看，计成造园，实际上是从山水画中获得的智慧和方法。李渔所说的“一卷代山，一勺代水”的造园方法，也是从山水画以小见大、从局部观整体的创作手法所获得的启示。从某种意义上说，山水画乃是造园艺术的蓝本，诗意则是造园境界的灵源，记得在无锡“寄啸山庄”观瞻到一副对联（其实本出自江西白鹿书院），“一帘风月王维画，四壁云山杜甫诗”！

有画境诗境、诗情画意、画趣诗思，乃是常见的对园林的极高评价。今人叶圣陶说过，中国园林的共同点与追求在于，“务必使游览者无论站在哪个点上，眼前总是一幅完美的图画。为了达到这个目的，他们讲究亭台轩榭的布局，讲究假山池沼的配合，讲究花草树木的映衬，讲究近景远景的层次。总之，一切都要为构成完美的图画而存在，绝不容许有欠美伤美的败笔。他们唯愿游览者得到‘如在图画中’的实感……”[1]

李渔曾说过，造园的最高境界是“随举一石，颠倒置之，无不苍古成文，迂回入画，此正造物之巧于示奇也”。这种自然意趣的背后，隐含着造园者的才情和智巧，并不是轻易之举。造园的技术，虽也有工拙、雅俗之分，但全凭设计者的一双慧眼、一段闲情，所谓“一花一石，位置得宜，主人神情见乎此矣”。[2]

魏晋文人之间的交集与交流，自从兰亭修禊之后，多得不胜枚举，这是“生活美学”的兴盛时代。

据说“竹林七贤”中的山涛与阮籍、嵇康萍水相逢，就契若金兰。山涛的妻子韩氏觉得不可思议，这世上好人多得是，凭什么一面之缘就

1 叶圣陶：《拙政诸园寄深眷——谈苏州园林》，《百科知识》1979 年第 4 辑。

2 李渔：《闲情偶寄》卷四，杭州：浙江古籍出版社 2010 年版，第 196 页。

唐岱《小园闲咏图册》呈现出在园中闲居所求那种“乘兴步芳屿，逍遥任所之”的境界

能让他俩成为好朋友？她说自己也是见过世面的，改天你把他俩叫来让我瞧瞧。于是，山涛设下酒宴，邀请阮籍、嵇康至家，推杯换盏，灌醉二人，留宿家中。夜深人静之时，主妇韩氏悄悄扒开窗户，就着昏黄的灯光，把醉卧的阮、嵇二人饱看一番。这一看不要紧，丈夫在她心中才华横溢的形象立刻烟消云散了，并回来对丈夫说，你的才华跟人家比起来，简直就是小儿科，要想和他们做朋友，你还是多展示一下自己的见识和气度吧！

真不知道山涛听后作何感想，想必是极为复杂的：妻子偷窥，成功验证了自己的眼力，交友如此，夫复何求？可眼前的两个朋友实在太过完美，连老婆说话都不袒护自己了。大家应该记得，战国时那个著名的自恋美男子邹忌动不动就问妻妾和客人：“我孰与城北徐公美？”等到见到徐公，自惭形秽的时候，才反应过来，原来老婆说的“您太美了，徐公怎么能和您相比”是出于私心、偏爱的鬼话！山涛悻悻然地说：“然。伊辈亦当谓我识度胜。”[1]

“他们也应该认为我的见识和气度不凡吧！”说这话时，男人的虚弱展现得一览无余了，“亦当”就是“也应该”，至于是不是，又是另一回事了。后来山涛举荐嵇康出仕，反被后者训斥一番，写了一篇《与山巨源绝交书》，大概说明了这“亦当”的不准确。山涛的尴尬经历不是重点，重点是这经历透露出交友之道——“无友不如己者”。

“无友不如己者”，这是孔夫子的一句话，意思是不要和那些不如自己的人交朋友。所谓“不如”，并非指财富、官阶、地位、权势、长相等外在的、物质的因素，而是说学问、道德、品行、才华、见识、涵养、风度等内在的精神品格。有资格参与“竹林”之游的，本来大都是名重一时的“名士”，而这高端的社交行为，又造成一种“集体出场”的社会冲击力，最终使“竹林七贤”成为与历史上著名的“三君”“八俊”等齐名乃至后来居上的名士群体。[2]

魏晋文人通过雅集，围绕着名教与自然、玄学义理、声无哀乐、宅无吉凶等诸多辩题展开激辩，其实这些所谓“清谈”活动，乃是一种在日常生活当中加以升华而“钩深味远”的学术活动，岂可用“空谈误国”来诋毁之？

此种雅聚所产生的社会效应，应该就是文人交游的附加值吧。可偏偏有些人喜欢的就是这附加的社会效应，《儒林外史》中说温州府乐清县的秀才匡超人到杭州避难，遇着一帮假名士。这些人都是科场失意、不学无术的无赖文人，他们效法名士风流，结诗社、批时文、刻诗集、写斗方，互相吹捧。匡超人应邀参加了这帮人的“西湖诗会”。

说是“诗会”，其实并不作诗，不过是一帮假名士凑份子饮酒扯淡。

1　韩格平注释：《竹林七贤诗文全集译注》，长春：吉林文史出版社1997年版，第630页。

2　参见陈寅恪：《陈寅恪魏晋南北朝史讲义》，贵阳：贵州人民出版社2007年版，第43页。

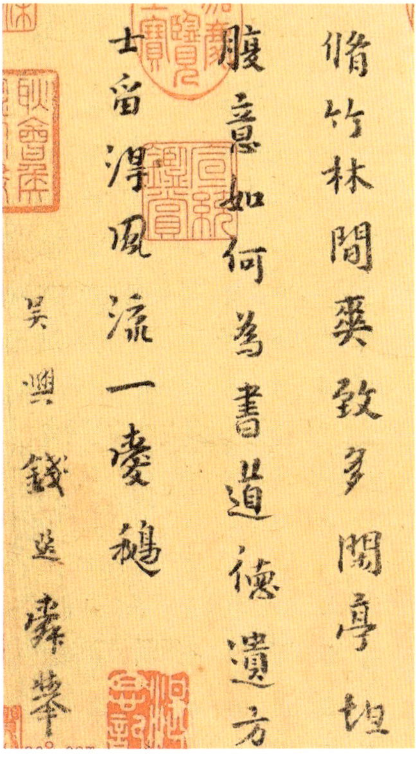

上有『修竹林间爽致多，闲庭坦腹意如何』题诗的钱选之《王羲之观鹅图》自有风流闲远之趣

会首胡三公子悭吝非常，亲自置办酒菜，说若请厨役，“那就费了”；买只鸭子，恐怕不肥，“拔下耳挖来戳戳脯子上肉厚，方才叫景兰江讲价钱买了”；买馒头时，“那馒头三个钱一个，三公子只给他两个钱一个，就同那馒头店里吵起来。景兰江在旁劝闹。劝了一回，不买馒头了，买了些素面去下了吃”；筵席散场，“胡三公子叫家人取了食盒，把剩下来的骨头骨脑和些果子装在里面，果然又问和尚查剩下的米共几升，也装起来……押家人挑着，也进城去”。[1]——这一“押”字，把伪名士吝啬、贪婪、自私的面目描述得活灵活现。就是这帮胸无点墨的无行文人竟也能把“西湖诗会”宣扬成杭州城千载难逢的雅集盛会，匡超人自从结识了他们，“才知道天下还有这一种道理”！

兰亭修禊之后，中国文化史上另一场激动人心的文人雅集，上演于北宋时代，那就是“西园雅集”。

雅集的重兴，有着特定的历史背景，宋代统治阶层推行“偃武修文”的基本国策，重视文人士大夫，加之以经济蓬勃发展、政治环境稳定等综合因素，使中国的文明达到了历史上空前的巅峰之境。著名历史学家陈寅恪先生说过：“华夏民族之文化，历数千载之演进，造极于赵宋之世。”[2]这样的历史定位早在当时就有人先知先觉了，理学家朱熹就曾说过：“国朝文明之盛，前世莫及。”[3]文明的高度往往并不能与经济强大、政治强势成正比，崇尚“极简”主义的南宋就是明证。

有了这样的自信，北宋文人对前代文人，自然不甘俯首称臣。就拿文人雅集这事儿来说，兰亭之会的流风余韵到了宋代，渐渐就不再被追慕不已、心向往之了。

1　参见吴敬梓：《儒林外史》，天津：百花文艺出版社 2002 年版，第 213—215 页。

2　陈寅恪：《邓广铭宋史职官志考证序》，陈美延编：《金明馆丛稿二编》，北京：三联书店 2001 年版，第 277 页。

3　朱熹：《楚辞后语 · 服胡麻赋》，《楚辞集注》，上海：上海古籍出版社 1979 年版，第 300 页。

文徵明《兰亭修禊图卷》描绘了在修禊仪式当中曲水流觞的场景

古代文人结“社”集“会”，也是常有的形式，但是，古人所说的“社会”可不是今人所说的“社会”了。如今在日常用语里，说一个人更像是“社会人”，实乃是言说一位有市井江湖气息的人，而古代结社入会的人皆为风雅人士。

在中国古代，所谓“社”就是指信仰相同、志趣相投的人结成的团体；所谓“会”当然是会聚、会合之意，无论是宴饮也好，雅集也罢，都是“会”的一种表现形式。当“会”与“社”得以并称之时，会也就有了“社”的意思，偏重于“团体”的性质。[1]

清代人胡凤丹在刊刻《月泉吟社诗》时，曾为该诗集作序。他在序文中说自己宦游四方，结交的诗人墨客不计其数，他们也曾结成诗社，酬唱赠答、切磋诗艺，并有诗集刊刻问世。不过，比起月泉吟社的诗人们来，则是“仕隐分途，喧寂异趣，且心与力违，不获人酬一缣，

1　参见陈宝良：《中国的社与会》，杭州：浙江人民出版社 1996 年版，第 4—5 页。

石涛《西园雅集图轴》以更为宏大的手笔再现了西园雅集的生动情境

如清翁之豪举”[1]。——这里说自己写诗“不获人酬一缣”不过是自我调侃而已，关键在于，吴清翁拿出许多的奖品，是为了激励“隐”与“寂”的人。

宋元之际，出现了大批的“遗民”，也就是不仕新朝、拒绝为元政权服务的隐士。吴渭和月泉吟社的骨干力量都是遗民。他们举办这次有奖征稿，是想以这种文艺的方式遮人耳目，与全国的遗民互通声气，坚定不仕新朝的信念。征诗主题定为“春日田园诗”，也是有深意的，吴渭在《春日田园题意 · 诗评》中说过：“……因春日田园间景物感动性情，意与景融、辞与意会，一吟风清，悠然自见其为杂兴者，此真杂兴也……形容模写，尽情极态，使人颂之，如游辋川，如遇桃源，如共柴桑墟里，抚荣木，观流泉，种东皋之苗，摘中园之蔬，与义熙人相尔汝也。”[2]

其实，田园诗是中国诗史上的一种重要题材，它以田园生活为吟咏对象，描摹田园景物，记叙农事劳作，表现宁静淡泊的人生理想。吴渭的“题解”中所限定的诗歌创作题材、语言和审美风格要求，都合乎田园诗的艺术标准。问题的关键在于这种宁静淡泊的风格，背后潜藏着古代文人对现实和社会的不满，整个活动都采取了“春秋笔法”之形式。

众所周知，按照传统儒家文人的职业观，“学成文武艺，货与帝王家”是古人根深蒂固的观念，只有在现实中屡经碰壁、理想和希望成为泡影之时，他们才会萌生退意，回归田园，寄情山水，用“隐居”的方式来表达对现实的不满。田园诗的代表人物，如陶渊明、王维、孟浩然、范成大等，都是不愿与肮脏的世俗同流合污、洁身自好的典范人物，同时也是文人失意之后的人物象征。

吴渭反复强调最好的诗歌，应该让人“如游辋川，如遇桃源，如

1　胡凤丹：《月泉吟社诗序》，《月泉吟社诗》，同治退补斋本。

2　吴渭：《春日田园题意》，《月泉吟社诗》，同治退补斋本。

李公麟《西园雅集图》之局部所表现出来的苏轼正在执笔而王诜观看的核心场景

共柴桑墟里”——辋川是王维隐居之地，桃源是陶渊明《桃花源记》所图绘的隐居乐土，柴桑则是他归隐之处，这分明是要劝说天下的读书人退隐不仕，与元朝政权划清界限。最后一句“义熙人相尔汝”说得就更直白了——陶渊明在刘宋政权建立后，著书时坚持使用前朝的“义熙”年号，打心底不认同现实政权，吴渭号召天下人以此为榜样，其意图也就不言自明了。这里仅是元代的一个例证而已，越过元朝，到了明代，这种“文艺型会社”更是遍地开花，其中成就了不少文人佳话！

园林是“活”的，当人生活于其中的时候，园林就会“活”起来，这才是“生活美学”当中那个“活”的本义，也就是“活色生香”那种活生生之“活”。

明宪宗成化七年（1471），苏州府学的池塘中，一茎白莲上开出了

周文矩《文苑图卷》表现的就是一番文人宴集雅聚的场景

两朵并蒂莲花。到了第二年春天，又有甘露降在府学的桃树上。这是莫大的祥瑞——三十三年前，吴县的县学莲池中曾有一茎三花的异数，第二年，吴县人施槃便高中状元。一时间人们议论纷纷，不知谁有福气应承这天降的鸿运。

过了两个月，长洲（今苏州）人吴宽在会试、廷试中接连拔得头筹，中了状元。吴宽，字原博，号匏庵，人称匏翁先生，历任翰林院修撰、少詹事兼侍读学士、吏部右侍郎、礼部尚书等要职，谥“文定”，是明代中叶知名的古文家、八股高手和书法家。

《明史》记载，吴宽在当时的词臣中声望最高，举朝上下都以为他能入阁拜相，甚至连名重天下的贤相谢迁都说，“吴公科第、年齿、闻望皆先于迁”，愿以自己引退而举荐吴宽入阁。结果因权臣刘健极力阻挠而不果，天下为之叹息。吴宽却不甚在意，认为自己对官阶、权势本来就没有这么大的野心，又何必如此斤斤计较？[1] 吴宽的洒脱胸襟和恬退意趣从何而来？

他有一篇《医俗亭记》现身说法，道出了自己超凡脱俗、摆脱名利束缚的修养门径。他说自己年少时“俗病”缠身，多方求医问药，都不奏效。这显然是一个“疾病的隐喻”——“俗”是指迷恋官场的功名利禄。明代中期以后，政治黑暗腐朽、官场倾轧和党争日趋激烈，要想在仕途上有所成就，就必须放弃人格、尊严和道德，蝇营狗苟，因此许多人都以出仕做官为耻、为俗。

再加上工商业日趋繁荣，读书人的出路变得多元化，科举之路不再是士人治生的唯一门径，这就引发了整个社会的剧烈的人生观、价值观动荡——八股时文被视为“俗业”，出仕做官被看成“俗人”。吴宽说自己病入骨髓，几乎变成了废人。有客人来访，闲聊时无意间提到苏东坡的诗句：“可使食无肉，不可居无竹。无肉令人瘦，无竹令人俗。人瘦尚可肥，士俗不可医。”

这是苏轼的一首咏竹诗《于潜僧绿筠轩》。吴宽听到“士俗不可医”一句时，大惊失色——连苏东坡都这样说了，那自己的“俗病”恐怕沉疴难起了！他旋即又寻思道，按照东坡居士的说法，士俗，是因为没有竹子相伴；如果有了竹子朝夕相处，是不是就可以医治“俗病”了呢？所幸的是自家园墙的东壁，有半亩空地，稀稀疏疏地生长着几十茎竹子。吴宽就让仆人松土、施肥、浇水，精心培植，期待它们能重焕生机。果然，到了第二年，这些竹子长势喜人，滋生出好几百茎，密密麻麻，迎风摇曳。吴宽心中大喜：“这下子我的病有救了！”

吴宽就把这半亩空地重新整饬了一番，平整土地，植花种草；构思经营，叠石成山；还修建了一座亭子——此前习焉不察的荒地，俨

1　张廷玉等撰：《明史·吴宽传》，北京：中华书局1974年版，第16册，第4884页。

赵佶《文会图》描绘的是一群文人雅士在一片树木扶疏中雅集宴饮场景

然被改造成一座具体而微的竹园了。这竹园，成了他朝夕不离的病房，“饮食于是，坐卧于是，啸歌于是，起而行于是，倾耳注目，举手投足，无不在于是……”

果不其然，过了大半年，他的“俗病”就“十已去其二三”了。这听起来似乎有些荒谬，一座方圆半亩的竹园怎么会有令人洗心革面的功效？吴宽解释说：“吾量之隘俗也，竹之虚心有容足以医之；吾行之曲俗也，竹之直立不挠足以医之；吾宅心流而无制，竹之通而节足以医之；吾待物混而无别，竹之理而析足以医之。竹之干云霄而直上，足以医吾志之卑；竹之历冰雪而愈茂，足以医吾节之变。其潇洒可爱也，足以医吾之凝滞；其为筒、为简、为箭、为笙箫、为簠簋也，足以医吾陋劣而无用。盖逾年，而吾之病十已去二三矣。久之，安知其体不飘然而

沈周实景园林山水图《东庄图》二十一景里所描绘的『续古堂』『耕息轩』和『知乐亭』

陆治《元夜燕集图卷》描绘的是嘉靖二十六年上元夜，陆治与文徵明、陆师道、王守、土谷祥、文彭燕集于文徵明宅的情景

轻举，其意不释然而无累，其心不充然而有得哉？”[1]

这段文字集中解释了竹与君子人格的这种密切关联：竹子中空、虚心，可以医治人的气量狭小之病；竹子挺拔直立、百折不挠，可以医治人的曲行阿世之病；竹子内心通达而有节，可以医治人的放纵流宕之病；竹子纹理分明、清晰，可以医治人在待人接物时不分黑白、善恶的混沌之病；竹子直冲云霄，可以医治人的志向卑微之病；竹子历经风霜

1 吴宽：《医俗亭记》，《匏翁家藏集》卷三十一，文渊阁《四库全书》本，台湾商务印书馆 1983 年影印本，第 1255 册，第 242 页。

而愈加劲挺、茂盛，可以医治人的易于变节之病；竹子临风摇曳的潇洒，可以医治人的志意凝滞、呆板之病；竹子用途广泛，任意赋形，可以医治人的偏执一端、固陋无用之病……

总之，竹子就像是万能的灵丹妙药，能够拯救一切沉沦了的灵魂！在竹园中长期浸淫，潜移默化，人的体气就会变得超凡脱俗，心境会豁然开朗，内心充实。

在这里，竹子，连同“医俗亭”、整座竹园，俨然成了一种象征着高尚情操的艺术符号。人在园林中饮食、坐卧、啸歌，举手投足之间，无不沐浴着道德的熏染和艺术的蒙养。园林中的生活，也就成了一种艺术化的审美生活方式。

日常生活因为有了这艺术光辉的照耀，人也从世俗的“病痛”中被拯救出来，升华到一种高尚的、脱俗的、自由的审美境界——徜徉于风物秀美的园林中，以期达到对日常生活、世俗人生的救赎和升华，正是“回归自然”的审美诉求的现实转化。

这便是中国人的“诗意的栖居”，这种“生活美学”智慧既注重身处先天自然的“自然化”，也偏重融入后天濡化的“文化化”，从而在二者之间达到微妙的平衡！

游览之美

中国人是最早欣赏自然之美的多元民族人群，而且，对于自然欣赏的传统源远流长。

《论语》就讲——“仁者乐山，智者乐水”，不同的人喜欢不同的山与水！

《庄子》便说——“逍遥于天地之间而心意自得”，一派在天地自然中逍遥游的自由境界！

《祖堂集》则记——“青青翠竹，尽是真如；郁郁黄花，无非般若”，自然与佛禅欣然为一！

无论是儒家生活美学、道家生活美学，还是佛禅生活美学，都注重自然之美。

自古以来，中国人就歆羡“水边林下”之美，更享受“溪山逸游”之乐，他们“欣玩林石”从而形成了一种欣赏天地自然的美学传统。所谓“山川之美，古来共谈。高峰入云，清流见底。两岸石壁，五色交晖。青林翠竹，四时俱备。晓雾将歇，猿鸟乱鸣；夕日欲颓，沉鳞竞跃。实是欲界之仙都。自康乐以来，未复有能与其奇者”。[1]

陶弘景，这位道教茅山派的代表者，竟然如此周全地描摹出国人所喜爱的自然景致：高山、流云、溪水、河岸、峡壁、青林、翠竹、猿鸟、游鱼……在传统时间意识当中，四季的交替、朝夕的变幻、阴晴的转化，都不断地重塑着美丽景色，有声（猿鸟乱鸣）有色（五色交晖），

1　陶弘景：《答谢中书书》，《全上古三代秦汉三国六朝文 · 全梁文》卷四十六，北京：中华书局 1958 年版，第 3215—3216 页。

有动（沉鳞竞跃）有静（两岸石壁）。

这般景致被陶弘景誉为“仙都”，他认为，自从康乐公之后，就不再有能融入此美景当中的人了。康乐公就是那位大名鼎鼎的诗人谢灵运，东晋谢氏家族从谢安、谢灵运到谢朓，各个诗才纵横，又都愿纵情山水，所以留给后代无数的山水诗篇。就是这个谢灵运，终生痴迷于游山戏水，居然成为后世行游之士的楷模，也成了山水诗的鼻祖。

中国山水诗与山水画蔚为大观，恰恰证明了中国人对山水自然的由衷热爱！

在当今中国大地上旅行，还有一种“山景无有空留诗”的极端现象。随着历史变迁、人为破坏与自然原因，许多曾经有过的“奇景美致”已不复存在了，或者改变了原本的面貌。人工的景致也是一样，《瘗鹤铭》原为镇江焦山西麓的摩崖石刻，但后来因山石崩塌而坠入长江，至北宋年间枯水时才被再度发现。

中国山水画就面临这样的问题，到底是描绘“实景”，还是“虚景”？一般而言，中国传统文人所描绘的都是“胸中丘壑”，就像石涛“搜尽奇峰打草稿”一样，山水情景在华夏文化当中被符号化了，变成了可以为笔墨所表达的抒情对象。

无论是幻是真，这起码说明，观赏自然并不是察看纯客观的天地，而是主体的思绪、情感投注其中，甚至还有潜意识参与其间，自然本身的变化造成了主体自身的“幻境”。在 2008 年赴韩国成均馆大学教授博士生课程的时候，我发现了中韩山水画的巨大差异。当中土山水传到朝鲜半岛的时候，李朝时期的人们就把中国山水画称为“观念山水”，因为它们是来自书本而非真有实对的，朝鲜画家主张对景写生，去画那“真景山水”。

中国古代大画家黄公望对于山水的喜爱尤甚，他有绢本设色的《天池石壁图》存世，自识“大痴道人为性之作”，可见山水是其性情的展露。黄公望“峰峦浑厚，草木华滋”的艺术手法在这幅画作里尽显无

元人《山居说听图》所展现的就是元人在山林间辟出闲居空间的场景

余，这里所描绘的天池石壁位于江苏吴中区藏书乡境内，因一侧山坳内积碧水，故名“天池”。天池山与灵岩山、天平山一脉相连，古称华山。

根据高启《凫藻集》卷四《题〈天池图〉》小引中所记：“吴华山有天池石壁……元泰定间，大痴黄先生游而爱之，为图四三本，而池之名益著。”这段记载说明了古代画家与山水之间的双向关联：一方面画家对山水往往是“游而爱之”，爱此山此水，所以才能不断为之作画；另一方面，恰恰由于画家的创作，使得“池之名益著”，也就是让山水更加著名了。

并不是“山水林泉”本身就有“诗情画意”，而是诗人赋予了山水以“诗情”，画家点拨了林泉的“画意”！

游山玩水的主力，并不是画家与诗人，他们只是善于把风景入诗入画而已。更大的游览群体乃是文人，还有那些普通大众。明代以后，就出现了为他们的出行而配置的各种“游具”，也就是今天我们所说的旅行用品。如今你走进一家旅行用品店，所见的用具基本上是出于实用的目的，比如更能透汗的衣裳与更能攀爬的鞋子，但中国古人的“游具”是审美性的，或者说是出于审美目的而制造的。

在文人高士高濂的《遵生八笺》里面，就有“起居安乐笺”，其下特设“溪山逸游条”，该条目里面不仅陈列与说明了“游具”的形制与用法，而且专门配图加以具体说明，这些“游具”包括竹冠、披云巾、道服、文履、道扇、拂尘、云舄、竹杖、瘿杯、瘿瓢、斗笠、葫芦、药篮、棋篮、诗筒葵笺、韵牌、叶笺、坐毡、衣匣、便轿、轻舟、叠桌、提盒、提炉、备具匣、酒尊等，共二十六件之多。

通过《道扇》一则，你就可以看到，用于穿戴之“游具”的“美与用”缺一不可：

道扇

其扇有二，有纸糊者，有竹编者。近日新安置扇，其竹篾如

原济《黄山游图册》更像是旅行之后“虚实结合”之绘画

纸，编织细密，制度精佳，但不宜漆，轻便可携，何扇胜此？纸糊如此式样亦佳，但得竹根、紫檀妙柄为美。旧有鹅毛扇，即羽扇也，但无能者制度精致，今制似不堪执。[1]

从审美的角度，道扇如能“编织细密”“制度精佳”为好，但从实用的角度需要“轻便可携”，如果是纸糊成的，那么，用竹根或者紫檀做成的“妙柄”方能为妙。复古当然是重要的，就像追求汉唐风度一样，因而羽扇尽管好，但经过现今的改造后难以用之。

在提盒设计当中，上设提手，轻便可携是基本功能；侧可通风，那是便于食物存贮，因为侧门上面凿有棱条。“多格”设计则是为了容纳更多，有的可装四大碟，有的可纳六小碟，同时也为了分类放置，筷子与茶杯可专放，还有菜蔬果鱼之类可以分置：

提盒

余所制也。高总一尺八寸，长一尺二寸，入深一尺，式如小厨，为外体也。下留空方四寸二分，以板匣住，作一小仓，内装酒杯六，酒壶一，箸子六，劝杯二。上空作六格，如方盒底，每格高一寸九分。以四格，每格装碟六枚，置果肴供酒觞。又二格，每格装四大碟，置鲑菜供馔箸。外总一门，装卸即可关销，远疑（宜）提，甚轻便，足以供六宾之需。[2]

“提炉”的三层设计更是实用化，也很美观，最上层放置炭火以备用，最下层装铜质的水火炉，上面再有个夹板，其中固定着茶壶可煮茶，还有锅可温酒炖汤，这样烹饪之物基本具备了：

1　高濂：《遵生八笺》，北京：人民卫生出版社 1994 年版，第 258 页。

2　高濂：《遵生八笺》，北京：人民卫生出版社 1994 年版，第 261 页。

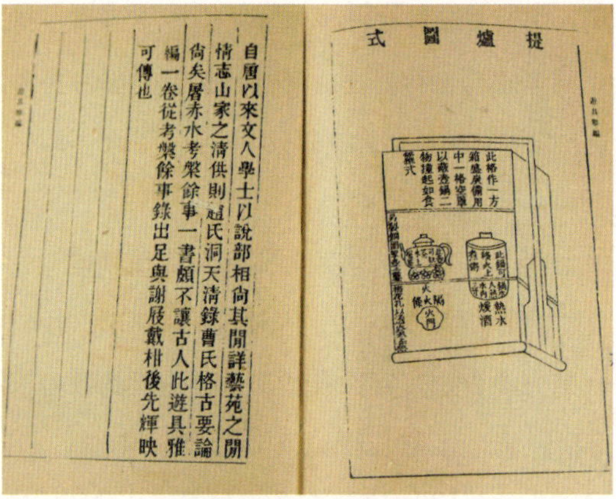

自唐以來文人學士以說部相尚其閒詳藝苑之閒情志山家之清供則趙氏洞天清錄曹氏格古要論尚矣屠赤水考槃餘事一書頗不讓古人此遊具雅編一卷從考槃餘事錄出足與謝屐戴柑後先輝映可傳也

提爐圖式

屠隆《游具雅编》当中的“提炉图式”及实物就是山家清供的一种视觉化的实用解读

提炉

式如提盒，亦余制也。高一尺八寸，阔一尺，长一尺二寸，作三撞。下层一格如方匣，内用铜造水火炉，身如匣方，坐嵌匣内。中分二孔，左孔炷火，置茶壶以供茶。右孔注汤，置一桶子小镬，有盖，顿汤中煮酒。长日午余，此镬可煮粥供客。傍凿一小孔，出灰进风。其壶镬迥出炉格上，太露不雅，外作如下格方匣一格，但不用底以罩之，便壶镬不外见也。一虚一实共二格，上加一格，置底盖以装炭，总三格成一架，上可箭关，与提盒作一副也。[1]

通过《遵生八笺》的描述，我们终于从“器物”的角度，看到了中国古人游山玩水的品位之高蹈、趣味之细密，真可谓“美在细节”！

为何到了明代“游具”如此丰富起来？这是由于，明代文人极喜出游，到了明末更是出游成风，既然成为一种社会“风气”，那么，与之匹配的行旅生活美学就逐渐成熟起来。于是，在嘉靖年间，“山人文化”再度兴起，接续了宋末那一段被中断的生活传统，万历年间竟有“天下遍山人”之说，并被讽刺为“昔日山人，山中野人；今日山人，山外游人”[2]。这都说明，“山人”并不是过去那种鲜有的现象了，而是成为一种生活方式，形成一种文化了。

明人朱国祯写有《黄山人小传》，所记那位黄励之自号“五岳山人”，其自称于人，亦曰“山人”，“田尝戏之曰：‘子诚山人也。癖耽山水，不顾功名，可谓山兴；瘦骨轻躯，乘危涉险，不烦筇策，上下如飞，可谓山足；目击清辉，便觉醉饱，饭才一溢，饮可旷旬，可谓山腹；谈说形胜，穷状奥妙，含腴咀隽，歌咏随之，若易牙调味，口欲流涎，可谓山舌；解意苍头，追随不倦，搜奇剔隐，以报主人，可谓山仆。备此五者，而谓之山人，不亦宜乎！’坐客为之大笑。此虽戏言，然人于五者无一庶几焉，而漫曰游山，必非真赏”。

1　高濂：《遵生八笺》，北京：人民卫生出版社 1994 年版，第 261 页。

2　王鸿泰：《浮游群落——明清间士人的城市交游活动与文艺社交圈》，复旦大学文史研究院编：《都市繁华——一千五百年来的东亚城市生活史》，北京：中华书局 2010 年版，第 191—192 页。

从宋人《春游晚归图》里得见古人游览即带各种“游具”上场

这“山兴”“山足”“山腹”“山舌”“山仆”的说法，十分有趣，其实说的不过是，人“化”入了山中，所以才谓之“山人”也。但事实恰恰相反，当这种风靡天下的“山人文化”被广为追随与效法时，往往容易走向它的反面。

其实，“山人”还是以地点来定位“人”，从山居的理想而论，陈继儒的《岩栖幽事》说得甚好，“山居胜于城市，盖有八德：不责苛礼，不见生客，不混酒肉，不兑田宅，不问炎凉，不闹曲直，不征文逋，不谈仕籍”，这就从社会性角度论证了逃避城市的道理，其实就是要走一条忘情山水之蹊径，“以蹊径之奇怪论，则画不如山水；以笔墨之精妙论，则山水不如画”。

所以呢，陈继儒就由此塑造出一种明代“幽人”的山居形象，其在《岩栖幽事》中写道：“寤言空谷，跫然客至，方相与计松桂，湎云烟，而负才之士，辄欲拈题阄韵，豪咏苦吟。幽人当此，真如清流之着落叶，深林之沸鸣蝉也。”这其实也是为了实现一种从古至今“回归山林”的理想：“古云鹤笠鹭蓑，鹿裘鹊冠，鱼枕杯，猿臂笛，与画图之屋庐，诗意之山水，皆可遇而不可求，即可求而不可常。”其所求索的诗意的山水，毕竟还是一种“人化”的自然。

在古代文人“逛山赏水”之际，他们的审美体验其实是最全面的，自然的妙语花香，人文的休养生息，都参与其中。

明人吴从先的《赏心乐事五则》，本是讲游伴、读书、品茗与书斋的小品，却也少不了山水之乐：“弄风研露，轻舟飞阁。山雨来，溪云升。美人分香，高士访竹。鸟幽啼，花冷笑。钓徒带烟水相邀，老衲问偈，奚奴弄柔翰。试茗，扫落叶，趺坐，散坐，展古迹，调鹦鹉。乘其兴之所适，无使神情太枯。”或者说，山水之乐与各种“乐事”都是结合起来的。

这其实就是李渔所讲求的“随时即景就事行乐之法”，所谓“睡有

陆治《山居乐事册》之“笼鹤”呈现的就是中国古人在自然中求“方外之美”

睡之乐，坐有坐之乐，行有行之乐，立有立之乐，饮食有饮食之乐”[1]，生活本身就是如此周全，但每种生活都可以找到“乐之处”，中国古人的旅游就成了一种全方位的审美生活方式。

这种明代之旅奢华至极。这一番“游之乐”的真情实景呈现在今人眼前，让我们也仿佛随之经历了一场“豪华之旅”！

明人文震孟在《洞庭游记序》中提出，“游有四快”：“天时之宜，风月之美，眺览之奇不与焉。游当茹素之期，不以酒肉丝竹尘点山灵”，这是一快；“又当沦弃之日，山中好事之家，无相物色者，草衣衲侣，游乃益清”，这是二快；“穷林屋之胜，至于烟迷径绝，田夫野老，惊相告语，奔走救援，此犹足以征人心焉”，这是三快；“其他游者不能记，记者不能尽。即弇州之文，亦似寥寒未称。而孟长雄词伟藻，直与缥

1　李渔：《闲情偶寄》卷六，杭州：浙江古籍出版社 2010 年版，第 321 页。

缈、莫厘争高竞爽，吞今掩古，光怪陆离。将使后来游者，遂可无言绝响，不必先结一记游之想，以挠其登高临深之天趣”，这是四快！一快，侧重说“天时”之境，由二快到三快，主要说“地利”之境，由三快到四快，基本就进入“人和”之境了。

中国人自远古就开始“出游”了。但由于路途的险阻与交通的不便，上古时代的人们出行还是很艰难的。黄帝的妻子嫘祖也是“好远游而死于道”，但当时的远游应该不能走得太远，而且也属于贵族集团的专权。到了春秋战国时代，随着本土的儒道思想的奠基，中国“游文化”的传统得以滥觞。

与儒家乐山乐水不同，道家从庄子始，更青睐天地自然之美。所谓“逍遥于天地之间而心意自得”，更致力于一种生活境界的营造，但后来者更强调“逍遥天地”，而相对忽视了“心意自得”，其实道家自然之美最终皆要得之于“心”。只不过，这个“心”绝非儒家心学那个“体认天理”之心，而是复归自然、自然而然的“真心”。

有趣的是，老庄道家的一番“以玄对山水”的天构，在后世的道教那里演化为一种“养生”的理论与实践的一体化，其中天地自然更是养生的最佳寓所，天地自然之气更是人生生不息的源泉。从道家到道教的自然养生之功被如此描摹出来：“杖履山水，歌咏琴书，放浪形骸，狎玩鱼鸟。出虽局于一时，而处则蹈彼千仞。如是则心无所营，而神清气朗，物无容扰，而志逸身闲，养寿怡生，道岂外是？”[1]

与儒道不同，禅宗所“乐”之山水，就是“仍是山”之山，“仍是水”之水。这在禅宗兴起之后的文人审美生活当中比比皆是，他们所求的，就在于如何“妙得禅家三昧”。

关于“妙得禅家三昧”，《而庵诗话》从古人作诗的角度有个记载，该诗话说到唐人有“鸦翻枫叶夕阳动，鹭立芦花秋水明”一联，人但知

1 高濂：《遵生八笺》，北京：人民卫生出版社 1994 年版，第 757-758 页。

半山《山水人物画册》描绘的是文人乘舟游览并有佳人演奏的情景

其佳，而不知其所以佳。诗话作者徐增认为，这首诗才是“妙得禅家三昧”，但究竟原因何在呢？

这其实是陶岘的诗，这位风月散人，不仅是陶渊明的后人，而且亦是江南丝竹的首创者。在他的妙诗当中，黑鸦翻枫叶，使得夕阳之光在叶上翻动；白鹭立芦花，让那秋水映射格外澄明，真一派光影浮动的美景！那么，该诗的禅意何在呢？徐增意解为，“夫鸦翻枫叶，而动者却是夕阳，鹭立芦花，而明者却是秋水”[1]，所以深得禅境。《而庵诗话》还强调，此句的禅意也就是王维“东家流水入西邻”之意。

的确，王维《春日与裴迪过新昌里访吕逸人不遇》一诗，其中有“门外青山如屋里，东家流水入西邻”之句。这“声东击西”，就是禅宗要旨！更贴切的例子，我觉得还有禅宗的“南山起云，北山下雨”：“东涧水流西涧水，南山云起北山云。前台花发后台见，上界钟声下界闻。白云自占东西岭，明月谁分上下池。东庵每见西庵雪，下涧长流上涧泉。半夜白云消散后，一轮明月到床前。”这“东家流水入西邻”之意，居然被重复了六遍，难怪白居易在《寄韬光禅师》中引用其中四句，最后赞曰“遥想吾师行道处，天香桂子落纷纷”。

禅悦在“悟禅”的大多阶段都是存在的，直至最终达到涅槃的极境：“在初禅阶段，先有一种喜悦与欢欣，从现实的烦恼中解脱出来；第二禅阶段，禅定自身的喜悦与欢欣被纯化了；第三禅阶段，喜悦的意念消失了，只剩下纯净的欢欣；在最后的第四禅阶段，纯净的欢欣也消失了，这时就出现了清澈透明的智慧。”[2]

由此可见，懒瓒和尚所描述的乃是从第一禅、第二禅到第三禅的境界。“我不乐生天，亦不爱福田”“不朝天子，岂羡王侯”，这只是对现实烦恼之摆脱；“卧藤萝下，块石枕头”“水月无形，我常只宁”则对禅悦进行了纯化；“兀然无事坐，春来草自青”则比较接近于纯净的欢欣之境了，这种境界为历代禅家所津津乐道。

道吾和尚的《乐道歌》也对此种境界有所描述：“乐道山僧纵性多，天回地转任从他。闲卧孤峰无伴侣，独唱无生一曲歌。”法融禅师的《心铭》说得更为玄妙：“乐道恬然，优游真实。无为无得，依无自出。”禅宗的生活，就是一种审美的生活；禅宗的美学，就是一种生活

1　徐增：《而庵诗话》，丁福保辑：《清诗话》，北京：中华书局 1963 年版，第 431 页。

2　【日】柳田圣山：《禅与中国》，毛丹青译，北京：三联书店 1988 年版，第 23 页。

的美学。

“儒家”“道家”“禅家”，随着中国古典文化的发展，逐渐形成了三家融合之势。其中一个最具典范性的文人形象，恐怕非苏轼莫属了。北宋也处于三流归一的滥觞时期，苏东坡这位千古文宗，恰恰就是“入于儒”“出于道”与“逃于禅”，将三家传统优雅地整合在自身之上。

中国人对山水自然的审美形成了一种儒、道、禅三元互补的架构。以南宋著名文人罗大经为个案来观察，他在《山静日长》一文当中，也融汇了“儒行”“道化”与“禅悟”。作为活生生的生活美学图解，罗大经的山居生活，是儒，是道，还是禅？恐怕是亦儒，亦道，亦为禅！

从存在角度看，罗大经感思的乃是人生的时空问题。所谓“山静似太古，日长如小年”，前者是说存在空间，亘古自在；后者乃言存在时间，始终流淌，所以山是静，日乃长。儒家是中国传统社会的主干，所以南宋时的罗大经即便山居也手不离《周易》《国风》《左传》等经学典籍，但是从《离骚》到陶诗苏文的影响，使得山居主人超离了现实，“坐弄流泉，漱齿濯足”，早已有了道家风度，而“月印前溪”、人牛双归，则是十足的禅境了。

中国文人主流的意见是推重“虽坐三槐”而“不妨家有三径”。所谓“三槐”就是位居三公之意，高官俸禄要拿着，事功基业要做着，但与此同时，不妨家里设有“三径”。这“三径”后来成为归隐者家园的代称，乃是由于汉代蒋诩“归乡里，荆棘塞门，舍中有三径，不出，唯求仲、羊仲从之游”。[1]

所以说，兼具“三槐”之功与“三径”之乐，就成了古代文人所想象的“乌托邦”。唐蒋防有诗《题杜宾客新丰里幽居》：“退迹依三径，辞荣继二疏”，这与“三径”相对而出的“二疏”，应指汉朝贤人疏广与

1　赵岐：《三辅决录 · 逃名》，《魏晋百家短篇小说》，北京：北京图书馆出版社 1998 年影印版，第 506 页。

画僧担当的寥寥简笔的云山当中饱孕了佛禅之味

疏受叔侄二人，隐退之时甚为荣耀。哪一位儒家不希望如此呢？在出仕之时风风火火，在隐退之际仍有“辞荣”，在隐逸之后则安安静静。

然而，这种进退自由的境地，只是“无何有之乡”而已，多数的儒生仍心系事功，朱熹就曾讽刺说，哪怕“晋宋人物，虽曰尚清高，然个个要官职。这边一面清谈，那边一面招权纳货。陶渊明真个能不要，所以高于晋宋人物”[1]，可谓一语道破，而陶潜本人何尝不是因无法伸展才幽然见山的呢？想那近代袁世凯退隐之际扮得闲云野鹤，但何时何处不想东山再起？

1　朱熹：《朱子语类》卷三十四，北京：中华书局 2007 年版，第 3 册，第 874 页。

黄易《访古纪游图册》描绘了无锡寄畅园一峰玉立古藤缠绕的“取境冥心”之景

的确，在这种矛盾的心态之下，中国文人往往热爱山水，不管能否实现。但古典的因由在于“君子之所以爱夫山水者，其旨安在？丘园养素，所常处也；泉石啸傲，所常乐也；渔樵隐逸，所常适也；猿鹤飞鸣，所常亲也。尘嚣缰锁，此人情所常厌也。烟霞仙圣，此人情所常愿而不得见也。直以太平盛日，君亲之心两隆，苟洁一身出处，节义斯系，岂仁人高蹈远引，为离世绝俗之行，而必与箕颖埒素，黄绮同芳哉”(《林泉高致 · 山水训》)。

在农业文明当中，中国古人所感的自然就是“人文化的自然”。中国文化在尊重自然的同时，也“化掉”了自然，这不能不说是一种中国人应对大自然的智慧。

道理很明确也很简单，只要我们亲身经历中国的名山大川，就会发现，这些自然早已被“人文化”了。譬如说泰山，从山下的岱庙一直走到山顶的玉皇顶，你会发现，几乎每一处都有前人的题字篆刻。泰山就好似一座承载了太多文化历史的名山，其本身的山的韵味同文化融化为一。除去这些历史名山大川不论，即使那些新近被“开发”出来的新景点，中国人的喜好也是给那些景致“命名”。这种“命名”的过程其实也是一个“文化化”的过程，比如将一些子虚乌有的神话传说附加在景致上，这种做法恰恰体现了中国人的自然观念。难怪许多西方旅游者来中国东部旅游之后，认定中国没有纯自然意义上的自然了，这恰恰是中国的农业文明过度开发的结果。

从人类史的角度看，无论是“天工造物”还是“鬼斧神工”，都要亿万年才能生成，进入人类的生活之后，人与自然发生了审美关系，天然之物也就“自然而然”成了审美的对象。但是，按照环境主义论者的观点，如果认定“环境”是围绕着主体生成的，那么，这种思想本身就蕴含了“人类中心主义”的意味。然而，环境毕竟还是针对人类而言的，没有人类也许就无所谓环境，甚至可以说，环境总是“属人”的环境，无论针对每个个体还是整个人类来说都是如此，这也是中国传统思想的出发点，它试图在人与自然之间造成一种动态学的平衡。

中国这种“人文化的自然”，在山水、园林与艺术当中都得以显现。园林在中国又被叫作“假山水”，从而与真山真水相对，而水墨绘画当中千年以来最大的题材就是“画中山水”。自然中的“人文化的自然”，还是以泰山之美为例，这座名山，除了从山脚下的岱庙直到山顶的各种历史建筑之外，还拥有 2000 多处摩崖石刻，到处都有被刻在山石上的名人的题记、诗歌、书法作品，如高 14 米、宽 5.3 米的《纪泰山铭》石碑就刻上了 1008 个汉字。如此一来，这座圣山几乎完全被“文化化”了，这类的建筑与石刻在中国的名山当中是大量存在的，它们与真山真水一道参与到游人的审美当中。

同样，中国私家园林则是“缩小的山水”，它一方面从园子外面的自然当中“借景”；另一方面则在内部空间凿池堆山，并以山、池、泉、石为中心，莳花栽树，环之以建筑，因势随形，形成山水园。这种咫尺山林要求“小中见大”，表现出一种含蓄回味、神韵天成、诗情画意的宋元山水画般的意境。这种园林首要的审美精神，就是“天成”，园林虽是典型的人造境，却不能露出人工斧凿之痕，计成《园冶》所谓“自成天然之趣，不烦人事之功”，正是此意。

中国传统绘画里面，山水画之所以成为一种绝对主流的题材，恐

吴伟《渔乐图》展现出“独乐与山人野夫厚”之乡野悦境

怕还是由于文人与大众钟爱自然的缘故。山水画是在中国南北朝时期才分科独立出来的，这个时期，恰恰是中国人发现自然美的时期。从此以后，山水画就压倒了人物画，成为中国绘画的绝对主流，直到唐朝展子虔创作《游春图》时，山水画才开始独立。《游春图》是中国最早的一幅山水画，从这幅画中可以发现，画中往往有游人的存在，这些被描绘得极小的人物，往往代表了人参与山水的一种情怀与心境，这同时也是将山水本身“文化化”了。

北宋著名画家郭熙特别强调，我们不仅要有“林泉之心”，而且要有“林泉之志”，要做“烟霞之侣”，而不能以“骄侈之目”看轻泉壑，此乃一种“高情”也：“世之笃论，谓山水有可行者，有可望者，有可游者，有可居者。画凡至此，皆入妙品。但可行可望，不如可居可游之为得。何者？观今山川，地占数百里，可游可居之处十无三四，而必取可居可游之品。君子之所以渴慕林泉者，正为此佳处故也。故画者当以此意造，而鉴者又当以此意穷之。此之谓不失其本意。”（《林泉高致·山水训》）

实际上，郭熙真正向往的乃是一种“不下堂筵，坐穷泉壑”的境界，也就是一种“可行、可望、可游、可居”的境界，这种高境其实也就是一种回归到生活的境界。

这种生活的境界，其实是人与对象之间的一种深度的交往与互通。在这种中国化的境界当中，我们可以将自然想象为“人类的家园”，植物、动物、水、岩石和土壤这些自然地理是家的地基，气候、天气与季节成为使自然美变动的要素，所以中国自然审美特别注重“时间意识”，四季的概念无论在山水、园林、绘画中都是非常突出的。总之，大到万丈深渊，小到一株花草，都可以达到这种与人亲和的境地，这恰恰来自中国美学的传统智慧。

实际上，“自然美”不只存在于客观的山水当中，也不只存在于主观的意象里，它也理应存在于人的生活中。自然之美，乃是自然进入了

郭熙《关山春雪图》描绘的是白雪覆盖的深山大壑中屋宇可居的场面

王概《玉山观画图》描绘山中共鉴古画，说明中国古人已将自然『文化化』了

人类的生活而“显呈”出来的，自然只有与人类的生活发生了关联才能得以生发出来。

纵览自然之美，就是在和人的关系中才生长和显呈出来的，自然之美绝对不是人工的制造，而是自然本身向人的生成。这是因为，人从自然中来又回归到自然中去。按照“生活美学”的智慧，人既在社会中生活，又在自然中生活，自然必定是被人化了。

文人之美

文人，在中国是个独特的文化群体，也是个审美群落。

按照“底限”的规定，“有文采”的人，其实也属于文人。因为“文采”主要是指形式之美，所以，文人也就是指那些能够创造出具有美之形式的文章，或者言行举止体现出浓郁的艺术气息的人。

这些人或是给人提供美的文学作品，或是让人领略到人物的风姿之美，自然是备受欢迎的。就像中国诗人内心的“神仙”李白，即使不幸去世，人们也要替他编织一个优美动人的结局，让他在人们的想象中延续着人格之美。

然而，并不是所有文采出众的人都能获得李白享受的礼遇。如果一个人仅仅注重文章外在的形式之美，而忽略了内在的心性修养和道德提升，依旧会被人唾弃，甚至会影响整个文人群体的声誉。我们所熟知的“文人相轻，自古皆然”“自古文人，多陷轻薄”“文人无行”等熟语就在言说这类负面影响。而且，文采也往往被视为罪事，隋文帝杨坚即位之初，便着手改革文风，决心“弃华返朴”。

魏晋时代，文学与文章几乎在同一意义上使用了。鲁迅先生之说几成定论：“用近代的文学的眼光来看，曹丕的一个时代可以说是‘文学的自觉时代’，或如近代所说，是为艺术而艺术（Art for Art's Sake）的一派。”[1]

这个 Art for Art's Sake，如果套用文学的话，就是“为文学而文学”自身，而不是为了文学之外的任何东西而存在，文学并不是经世致用的

1　鲁迅：《鲁迅全集》第三卷，北京：人民文学出版社 1980 年版，第 526 页。

梁楷《李白行吟图》里的李太白最能体现『诗仙』的风流之态

工具，“厚人伦，美教化”是汉代文论的主流意见。然而，在曹丕看来，文学自身的力量也许更大，“盖文章，经国之大业，不朽之盛事”（《典论·论文》），相反，在曹植看来，文章仍为“小道”，鲁迅猜测：曹植或者文章本已做得甚好而敢于视之为小道，或者本志于政治却不得志就说文章无用了，但曹魏开国皇帝曹丕自上而下倡导的观念，无疑成了时代的主流。

其实，为艺术而艺术，是近代欧洲唯美主义的核心主张，来自瓦尔特·佩特（Walter Pater）率先提出的 L'art pour L'art 之口号。鲁迅从近代狭义文学观出发，凸显了魏晋时代的转换，曹丕赞曰：“是以古之作者，寄身于翰墨，见意于篇籍，不假良史之辞，不托飞驰之势，而声名自传于后。”（《典论 · 论文》）这其实是在以古说今，言说“文”之重大意义，文本身就有“自律”的价值。曹丕又论：“夫文本同而末异，盖奏议宜雅，书论宜理，铭诔尚实，诗赋欲丽。”（《典论 · 论文》）这说明无论文学采取何种形式，文之“本”都是一样的——“文以气为主”！建安文学一派已逐渐走向辞采华丽，“诗赋欲丽”就是在言说这一倾向，也就是重在“文采”的文学逐渐摆脱了一般意义上的文章，但二者的血脉关联始终未斩断。

所以说，对“文的自觉”，可以给出狭义与广义两种解读。从狭义的文学观之，文学自然是千古之事，从政论等非文学中脱离出来而具有审美价值，这的确是魏晋文学转变的自觉结果。从广义的文章角度看，文章毕竟还是“经国之大业，不朽之盛事”，仍没有脱离与实用功用和现实生活的关联。

中国顶尖的文学理论家刘勰，在他的《文心雕龙》当中开宗明义，讲了数种“文”的概念，并将它们合并在一起，从“自然之文”“文化之文”“文饰之文”终落归到“文字之文”：人“为五行之秀，实天地之心，心生而言立，言立而文明，自然之道也。傍及万品，动植皆文：龙凤以藻绘呈瑞，虎豹以炳蔚凝姿；云霞雕色，有逾画工之妙；草木贲华，无待锦匠之奇。夫岂外饰，盖自然耳。至于林籁结响，调如竽瑟；泉石激韵，和若球锽。故形立则章成矣，声发则文生矣。夫以无识之物，郁然有采，有心之器，其无文欤”[1]？

将这四“文”的观念合并在一起的结果——“文学”即宇宙原理之显现与文饰之言的表象，这就构成了中国人独特的“文学概念”。中国人的“文”不囿于语言文学本身，而肇源于天地，来源于人文，最终才成就“文”之自身。

1　刘勰著，范文澜注：《文心雕龙注》卷一，北京：人民文学出版社 1958 年版，上册，第 1 页。

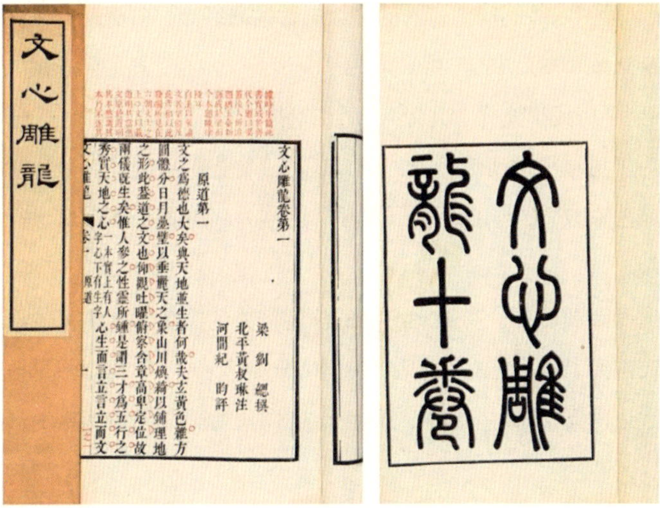

刘勰《文心雕龙》无疑是中国历史上论“文”最具理论高度的著作

然而，唐宋之际，文以载道，重道轻文，文章与文学之区分再度模糊了。

从理学扛鼎者朱熹在《读唐志》当中对文体的三分，就足见这种“道统”的统治威力：道乃“文之本”，这是最高的文，“圣贤之文”是也，道是体，文为用；道乃“文之实”，这是中流之文，司马迁等人之文属此，道是文质关系当中那个“质”；无本无实之文，就像只求形式主义的宋玉等文，归根结底，“有是实于中，则必有是文于外”。[1]

回到儒家的主流传统，文人所读的文字主体，其实并不是当今意义上的“文学”，而是传统的“经”学。《诗》《书》《礼》《乐》《易》

1　参见朱杰人等主编：《朱子全书》第 23 册，上海：上海古籍出版社、合肥：安徽教育出版社 2002 年版，第 3374 页。

《春秋》等“六经”成为古人的必读书，钻研经典、效法圣贤，也就成为安身立命的不二法门。经典著作从先秦的“六经”拓展到东汉的“七经”，到了唐代扩充为“九经”，而在宋代又膨胀为“十三经”。这还不够，为了更精深地研读经典，朱熹还把《礼记》中的《大学》《中庸》两篇单独拿出来，与《论语》《孟子》合称为“四书”，并对其进行了详细注解。

这些经典著作，和随之产生的注解经典的文章、著作可谓洋洋大观，在古代“经、史、子、集”的图书分类体系中，占据了最重要的位置，数量也极为庞大，其中，有很大的部分，就是古人在闲暇时读经的感悟。

陶渊明曾在一首诗中说：“闲居三十载，遂与尘事冥。诗书敦宿好，林园无世情。如何舍此去，遥遥至南荆。”陶渊明“少无适俗韵”，不肯为五斗米折腰，但他在闲居无事的时候，也孜孜不倦地读《诗经》和《尚书》。这说明儒家经典在古人心目中不仅是科举考试的敲门砖，更是修身养性的最重要途径。

《晋书》里还记载过一个故事：王济懂得相马，又非常喜欢马，和峤爱财，聚敛无度。对此，杜预曾概括道：“济有马癖，峤有钱癖。”晋武帝听说这句话后，问杜预：“卿有何癖？”杜预回答说：“臣有《左传》癖。”[1] 白居易也在《山中独吟》中说：“人各有一癖，我癖在章句。万缘皆已消，此病独未去。”白乐天所说的“章句”，就是指儒家经典著作的注解。山居无事，读章句而成癖，由此可见，儒家经典的影响对古人来说，已经深入骨髓。

然而，并不是所有的人都能把“闲情”寄托在读经典上面，经典也不能完全满足人的情感、欲望和意志的需要。这就是陶渊明为何在“诗书敦宿好”的同时，还要东篱把酒、采菊对南山——从饮酒中获得

1 《晋书》卷三十四，北京：中华书局 1974 年版，第 4 册，第 1032 页。

陈洪绶《痛饮读骚图》说明文学化的社会当中古代文人对「文」的痴恋

的生命力的释放、感性的愉悦，从菊花中体验到的自然美感，是镌刻在经典上的文字无法比拟的。也就是说，经典能够提供的是有关至高无上的“道”的知识和社会实践中的道德准则，而感性的、审美的快乐，基本上与之无缘。

人从社会实践中解脱出来之后的闲暇中所萌生的情感落寞和心灵空虚，助人排遣闲情，从而获得感性的愉悦和审美的快乐。只有在这种满足中，人才能从生命意志的感性释放中获得积极的快感，进而体验自由的生命境界，这就是中国文人在“文”上的寄托。

人生总是聚少散多，为何从《全唐诗》到《全清诗》当中有那么多的送别诗？这是因为，送别是一种激发起亲人友朋之间情感的特殊活动，为了表达这种情谊，古人往往用诗歌的方式来进行情感交流，这就是酬答之“乐”也。

然而，宋人严羽却曾抱怨说，“和韵最害人诗”，或者说人、诗两害。原因就在于酬唱赠答本来是情感交流行为，古人唱和也不曾依韵作诗，自从元稹、白居易破了这个先例，后来的模仿者往往只顾着求形而害神了。严羽还谈到，宋代文人士大夫常常“以此而斗工，遂至往复有八九和者”(《沧浪诗话 · 诗评》)。也就是说，酬唱赠答成了一种文字游戏，文人只专注于在诗歌形式上的相互“竞技”，反而忘记了诗的本来面目。来往相和八九首，就已让严羽惊诧不已了，如果他生在清代，目睹文人士大夫之间和诗争胜之“战况”，恐怕就会两股战战、几欲先走了。

话说乾隆二十五年（1760）十月，两江总督尹继善到苏州处理公务。这位总督出身满洲贵族，饱读诗书，十八岁中进士，十余年间成为封疆大吏，可谓平步青云。在当日的满朝大臣中，他的学识和才华都堪称翘楚，乾隆曾评价他说：“我朝百余年来，满洲科目中惟鄂尔泰与尹继善为真知学者。”[1]

有趣的是，尹继善生平有一个癖好，那就是好与人诗歌唱和，尤其喜欢叠韵和诗，“每与人角胜，多多益善”。这次到苏州，遇见了嘉兴人钱陈群这位江南辞章才子。钱陈群之所以诗名满天下，也是因为深受乾隆赏识，经常与皇帝联句作诗。据称他致仕后，乾隆巡幸江南，还屡次召见他，唱和一番。尹、钱二人早就相识，在钱陈群的《香树斋诗集》中，收录过许多他们酬唱赠答的诗篇。二人再度相遇，必然有“赓和之作”。喜欢叠韵争胜的尹继善与深谙诗法的钱陈群，可谓棋逢对手，必争高下。

据袁枚《随园诗话》记载，二人“和诗至十余次。一时材官傔从，为送两家诗，至于马疲人倦”！这还不算，钱陈群离苏州后，尹继善又

1　赵尔巽等撰：《清史稿 · 尹继善传》，北京：中华书局1977年版，第35册，第10549页。

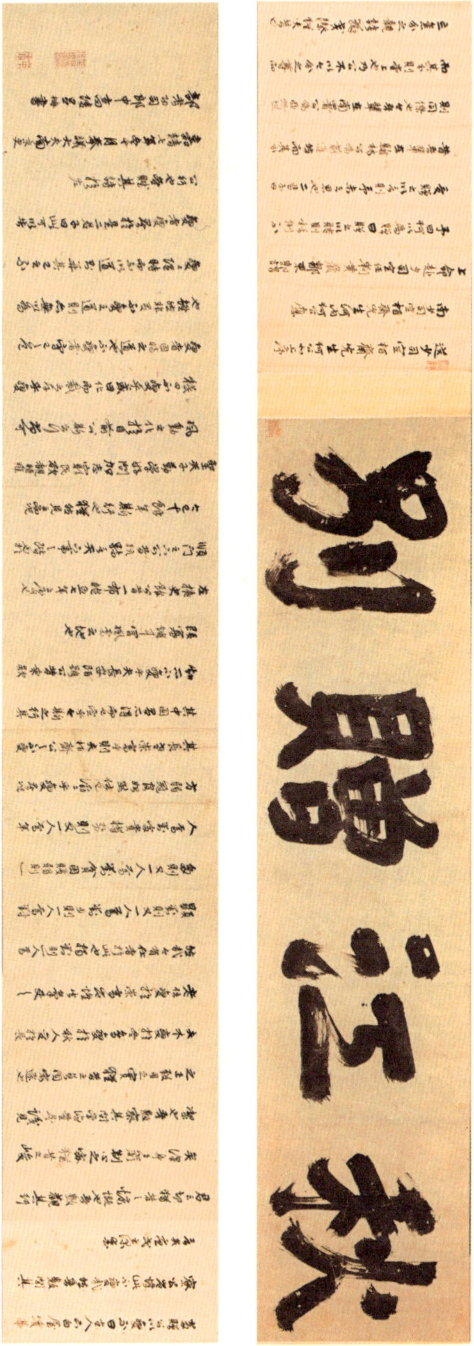

吕柟等三家行书《秋江送别诗并序卷》就足以证明「以诗酬答」悠久传统的强大

寄诗一首，让人追到吴江继续邀战。钱陈群精疲力竭，情急之下，只好乞降："岁事匆匆，实不能再和矣！愿公遍告同人，说香树老子，战败于吴江道上。何如？"[1]

钱陈群号香树居士，翻阅他的《香树斋诗集》及《香树斋续集》，就会发现其中大部分诗篇都是唱和之作，有许多组唱和诗数量都在二十首之上，应该是此道的行家里手，为何遇见尹继善后，区区十余个回合，就鸣金收兵了呢？钱陈群在这次的唱和诗中写道："卌年刘井旧相与，命驾过从邀一睐。纷披各出游山篇，百琲珠玑霏謦欬……熙时令仆存老成，别裁阴何去雕缋。每逢险韵安妥帖，如请麻姑爬痒背。"[2]

这是说他与尹继善乃四十多年的老相识了，此次苏州相逢，各自拿出吟咏山川风物的诗篇来切磋。尹继善的诗作咳唾珠玑，令人拍案叫绝。他作诗不追求辞藻华丽、雕缋满眼，而是巧遇用韵，每每押险韵，也就是不常见的韵脚——钱陈群常应付的，是乾隆皇帝那样自命有才、实际上造诣平庸的人，他碰着尹继善这样的高手，自然十分吃力。

钱氏甘拜下风，尹继善虽然得意，却也有些不尽兴。此时，另一位后进袁枚加入战局。大才子袁枚来到苏州，看见钱陈群的信札，技痒难忍，赋诗一首，其中有一句说"秋容老圃无衰色，诗律吴江有败兵"——尹继善竟真的把战败钱香树作为谈资，大肆宣扬开来——谁知也身陷战阵，不能脱身。袁枚记载道，尹继善大喜，"又与枚叠和不休"。二人叠韵押"兵"字，尹诗有"消寒须用美人兵""莫向床头笑曳兵"等句，调侃刚刚纳妾的袁枚。

中国古人最初言诗乃是"言志"，《尚书》中的"诗言志，歌永言，声依永，律和声"就是说诗是言"诗人之志"。根据汉代《毛诗序》中

1　袁枚：《随园诗话》卷一，北京：人民文学出版社 1982 年版，第 5—6 页。

2　钱陈群：《香树斋诗续集》卷六，《四库未收书辑刊》本，北京：北京出版社 1997 年影印本，第 9 辑，第 18 册，第 428 页。

《诗余画谱》之《李清照“离别”》表现的是“试问卷帘人，却道海棠依旧”的词境

的经典论述，“诗者，志之所之也，在心为志，发言为诗，情动于中而形于言”，这就将“诗言志，歌永言”与“情动于中，故形于声”（《礼记·乐记》）结合起来，真乃“情志合一”。“言志”，诗歌抒发人的思想、抱负、志向的基本内涵，诗感发之中“理”为核心，言志往往是自我表达，但是“缘情”的传达，则倾向于人与人之间感性化的交流了。

“缘情说”应运而生后，就与“言志说”交相辉映、相互浸渍、彼此回应。“缘情”，犹言抒情，语出自晋代文人陆机《文赋》的“诗缘情而绮靡，赋体物而浏亮”。“绮”，本义是一种素白色织纹的缯，“绮靡”连文实为同义反复，意为美好。这里的“情”泛指人所具有的一种情感“性能”和“状态”的禀赋。在陆机看来，“情”被“物”感化之后而逐渐滋生出来，“物”亦被“情”慢慢浸渍，成为作者所要直抒的事物，从而“情曈昽而弥鲜，物昭晰而互进”。中国古代文论所“缘”之“情”，并不完全是主观的抒发，本然就是与物混糅一体的。

“缘情说”的首创者，通常的共识被认为是晋代文人陆机。但这只是一般的观点，因为，在“郭店竹简”被发现之后，这种“情”的思想在儒家早期文献中就已出现了。2001 年，上海博物馆所藏的《战国楚竹书》中有 29 支竹简构成《孔子论诗》，其中一简就提道：“诗亡（毋）离志，乐亡（毋）离情，文亡（毋）离言。”[1] 意思是说诗不离志，乐不离情，文不离言。这不仅将“缘情”的观念大大提前了，而且弥补了从“言志说”到“缘情说”的中介形式。然而，“缘情”这种思想的成形大致在魏晋时期，也就是在“文的自觉”的时代。当时，所谓“纯”文学创造与“缘情说”之兴起乃是相互匹配的。

这一诗主“情”的学说，在历史上有如声波般屡屡回响，成为中国诗论的主流之一。沈约在《宋书 · 谢灵运传论》中就曾批评“以情纬文，以文披质”的倾向。刘勰也是这一派理论的推重者，所谓“诗者，持也，持人情性”。他在《文心雕龙》里继续阐述情与文、辞与理的关系：“情者文之经，辞者理之纬；经正而后纬成，理定而后辞畅。”直到唐代的白居易还将“情”视作诗之“根”，明代公安派提倡“独抒性灵”，清代袁枚极力倡导“性灵说”，这都是“缘情说”之各类变异形态。

质言之，诗歌是“吟咏情性”的事物，它所能抒发的正是内在的“情”“情性”或“性灵”，但这种“情”并不是西方浪漫主义那种试图与外物决裂的“诗情”，而是一种“物我合一”语境之中的情感性能。

文之美，还体现在“飞鸿传书”当中，自有其“鱼雁之乐”。

魏晋时代，文人间的书信来往，出现了新动向，形制趋于短小，内容更贴近日常生活和世俗人生，就连行文的风格，也变得清丽、飘逸起来。这大概是名士风范的一种显现方式。曹丕《与吴质书》、曹植《与杨德祖书》、刘琨《答卢谌书》、鲍照《登大雷岸与妹书》、吴均《与朱元思书》等，或表达友人相思的一往情深，或追念昔日同游的美好时

1　《上海博物馆藏战国楚竹书（一）》，马承源主编，上海：上海古籍出版社 2001 年版，第 16 页。

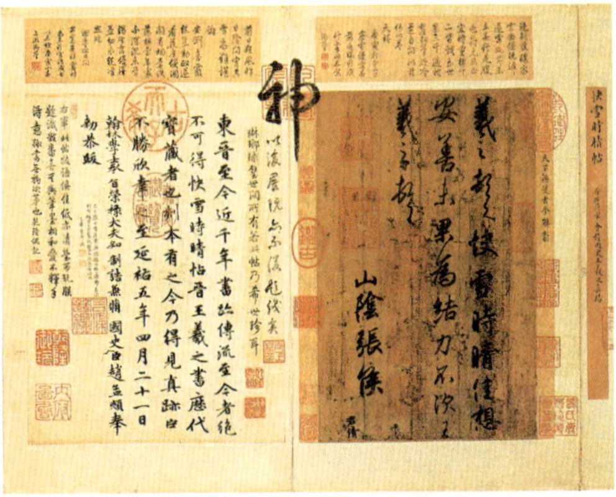

在书法史上彪炳千古的王羲之《快雪时晴帖》实乃一枚短札而已

光，或记述秀丽可人的山川景物，均堪称精致雅洁的文章典范。如现藏于中国台北故宫博物院的王羲之的传世名作《快雪时晴帖》，就是一封信札，只有四行二十八字："羲之顿首，快雪时晴，佳想安善。未果为结力不次，王羲之顿首。山阴张侯。"

这是一封写给山阴张侯（侯是对收信人的敬称）的短札，大意为：王羲之拜上，快雪过后，天日放晴，想必您一切安好！（咱们的约定）未能达到目的，心中郁结，因为您的送信人（力）要赶紧回去（所以仓促奉上短札）[1]。这封信不光语言清丽凝练，而且书写布局疏朗、墨色浓淡相宜，笔势起伏跌宕，具有收放自如、刚健流丽的节奏美感，是中国艺术史上不可多得的神品，历来为研习书法者所推重。"快雪时晴"的表现力是惊人的，把舒畅的心情与明媚的景色凝结在四个字中，闪烁着诗性的格调。

1　启功：《启功丛稿 · 论艺卷》，北京：中华书局 2004 年版，第 176—177 页。

唐宋以来，随着雅集、结社等交游形式日趋多样，文人间的书信来往内容也愈加丰富多彩。苏轼于元符三年（1100）冬给友人谢民师的一封信《答谢民师书》，如今也留下尺牍残阕，其文不仅言说了自己的生活（如有人求字但不善大书且乘舟终难写就），而且对“行文”本身也提出了自然而然（常行于所当行，常止于所不可不止）的美学要求，录部分原文如下：

> 近奉违，亟辱问讯，具审起居佳胜，感慰深矣。轼受性刚简，学迂材下，坐废累年，不敢复齿缙绅。自还海北，见平生亲旧，惘然如隔世人，况与左右无一日之雅，而敢求交乎！数赐见临，倾盖如故，幸甚过望，不可言也。
>
> 所示书教及诗赋杂文，观之熟矣。大略如行云流水，初无定质，但常行于所当行，常止于所不可不止，文理自然，姿态横生……夫言止于达意，即疑若不文，是大不然。求物之妙，如系风捕景，能使是物了然于心者，盖千万人而不一遇也，而况能使了然于口与手者乎？是之谓辞达。辞至于能达，则文不可胜用矣……
>
> 所须惠力法雨堂字，轼本不善作大字，强作终不佳，又舟中局迫难写，未能如教。然轼方过临江，当往游焉。或僧有所欲记录，当为作数句留院中，慰左右念亲之意。今日至峡山寺，少留即去。愈远，惟万万以时自爱。

在世俗观念里，仕途顺利、财富丰裕、妻妾和美、子孙众多，才算是人生积极的“价值”和“快乐”所在，与此相悖，便不免痛苦、失落、沮丧、无望。只有从这偏执于一端的价值和趣味中跳脱出来，把生活和人生看成“体验”的过程，才有可能获得真正的解脱和永恒的快乐。明代诗人江盈科说，袁宏道曾告诉他，“人家一妻数妾，和美无间，却无好处”，“人家做官，一中进士，径直做了尚书，却无好处”；

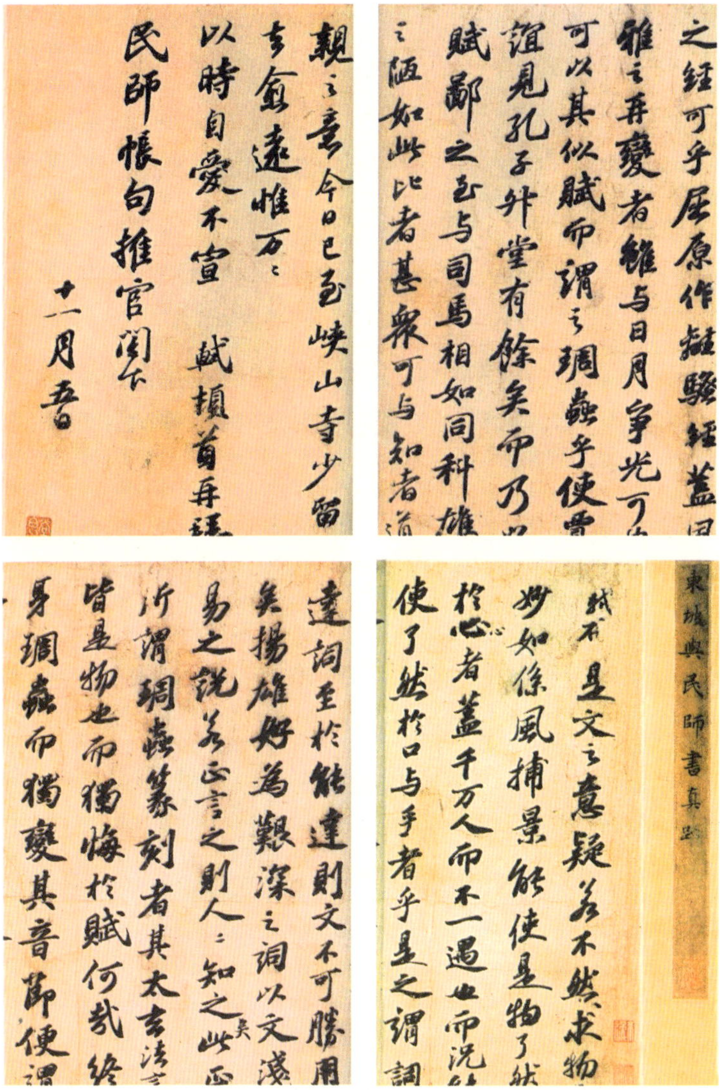

这就是本为信札的苏轼行书长卷《东坡与民师书真迹》(《答谢民师书》)开头、结尾与精华部分

只有家中妻妾小吵小闹，仕途偶得迁谪，经历些坎坷，才算是“好光景”[1]——而这“好光景”，说的就是完整的、丰富多彩的生活经验和人生经历罢了。

在古人那里，写信，完全能成为一门生活的艺术，但这个传统如今已经被数字化和网络化冲击得七零八碎，也有人重新拿起了毛笔与钢笔来延承这个快要断线的“生活美学”传统。钱锺书先生的书信就可以作如是观。看他在1934年1月8日写给时任清华大学校长罗家伦的一封信：“重展志希夫子手写新诗，诗才肆而诗胆大，力破余地，少陵所谓‘放笔直干’者，非绣章绘句之徒所能道其只字。锺书虫吟碌碌，相对不禁惭饭颗矣。敬赞二十八字言，未足仿佛于万一……”[2]

此信前缘乃是罗家伦（“志希”为他的字）寄来一首新诗，钱锺书读后复信点评，并在信末奉上了一首七言绝句和之：以旧诗和新诗，即便在那个文化新旧撞击的大变革时代，也属于罕见至极了，但这位风趣诙谐的才子却做得出来。年仅二十四岁的他所写的这封短信，先是评点罗家伦的诗作，从“诗才”（才情）、“诗胆”（构思）与“诗力”（艺术感染和冲击力）三方面加以揄扬，虽然看起来有些客套，但言辞凝练、思路清楚、结构完整，堪称一小段精到的诗歌评论。接下来又说自己作诗不过是虫吟蛙鸣，看到老师的诗作后自惭形秽，然而，为表敬意，还是要勉强和诗一首云云……这短短不足百字之文，思路起伏跌宕、文辞精准传神、结构有开有阖，并不逊色于历代佳“信”。

文人的生活，自然离不开文房，离不开“文房四宝”。文人欧阳修在《实笔》当中所记苏舜钦语：“明窗净几，笔砚纸墨，皆极精良，亦自是人生一乐！”

笔、砚、纸、墨的历史，就是它们在保持日常实用功能的同时不

1　江盈科：《雪涛小说（外四种）》，上海：上海古籍出版社2009年版，第113页。
2　李洪岩：《钱锺书与近代学人》，天津：百花文艺出版社1998年版，第29—30页。

断艺术化、审美化的历史，也是中国文人的笔墨生涯不断艺术化、审美化的历史。这一历史，滥觞于汉魏时代，到南朝而初具规模，至唐宋而终于境界打开声色并陈，由此也形成了独具中国色彩的“文房之美”。

毛笔被韩愈封为“中书令”，这中书令在隋唐相当于宰相，位高权重，这是中国文人首次为文房用具封官儿，而且一封就一人之下万人之上。到了南宋，林洪在《文房职方图赞》中封了“十八学士”，把常见的文房用具都容纳进来。其中，毛笔仍为中书，取名述，字君举，号尽心处士。与笔相关的则有石架阁（笔格，名卓，字汝格，号小山真隐）、曹直院（笔托，名导，字公路，号介轩主人）等十八位。此后又有罗先登的《续文房职方图赞》等，给更多的文房用具争得了功名，文人居然用“封官儿”的形式强调文房的重要价值。

毛笔的实用功能虽也在不断强化，但最引人瞩目的，莫过于它在文人士子的情感体验、审美生活中不断开疆拓土，笔格、笔洗等从属用具更成为文人士大夫阶层日常摩挲、赏玩的审美对象，因为它们平常日日就在文人的眼前，不被文人审美化都难。

墨，也是文人雅趣的重要来源，笔墨往往并提，还用以指代中国绘画的技法总称。

关于墨的“养蓄”就是收藏和把玩的学问了。然而古人不说藏与鉴，而说“养蓄”，就在于他们并不把墨看成单纯的物，有了兴致摆在案头静观凝视，兴尽就弃之脑后不复理睬，而是将墨视作有生命的艺术品，墨的质地、色泽和品性固然在制墨匠人手中就已打下了先天的烙印，但是后天的存养更加重要。《墨经》中说，对于新墨，要用上好的纸张包裹起来，悬置在中空、干燥通风的器皿中；对于旧墨，则常常置于掌上、放在衣袖中，让墨能浸润在人的呼吸、动静举止里，仿佛这样，墨就融入了人的日常生活，人的品行高洁、气质优雅，墨也能随之变换气质，富于生命的气息和活力。

元明以后，中国的制墨工艺更趋精湛，留下了更多精妙绝伦的传

檀香木管云汉为章狼毫笔表现出古人在造笔方面越来越精致化

世珍品，如分别刊刻过《程氏墨苑》和《方氏墨谱》的制墨名匠程君房、方于鲁等的作品，至今仍活跃在喜好赏墨、藏墨的人手中，墨也像笔一样，自立门户，有了“墨床”“墨台”“墨匣”等专供其憩息的陪侍品，但再无人能像苏东坡那样超迈洒脱，不为物欲情累所羁绊。

于是，人生的至理，生活的智慧，就这样借由爱墨、藏墨、玩墨、赏墨进而超越墨癖、复归自然、自由的生活和生命境界阐发出来！

再说砚。砚又称“墨海”。

唐宋是中国砚文化真正大放异彩的时代。端砚、歙砚、鲁砚和澄泥砚——这著名的四大名砚横空出世，吟咏、摹状砚的诗文也随之泉涌，赏砚、藏砚蔚然成风，大量的砚史、砚谱、砚笺著作破茧而出。

唐代诗人李贺也曾见识过端砚风采：“端州石工巧如神，踏天磨刀割紫云。佣刓抱水含满唇，暗洒苌弘冷血痕。纱帷昼暖墨花春，轻沤漂沫松麝薰。干腻薄重立脚匀，数寸光秋无日昏。圆毫促点声静新，孔砚宽顽何足云。”

在“踏天磨刀割紫云”当中，“紫云”是形象的说法，指五彩斑斓

东坡居士铭端石抄手砚说明古人早就赋予了砚台一种文化的历史意蕴

的端溪砚石，因为产地高峻入云，才有此妙喻。李贺视通万里，想落天外，极尽敷采铺陈之能事。李贺诗用华彩丽句称赞端砚质地精良、纹理细密美观，显得奇谲瑰丽，让人还原出端砚的绝世惊艳。

于是，传统时代的文人士子们以笔墨为生涯，砚与他们的生活和人生就有了更为要紧的关联。所以说，砚真是一种古人甚爱的“文化尤物”[1]！

纸，在“文房四宝”的历史上出场最晚，它却后来居上，跃居中国古代“四大发明”之列，影响遍及世界。从世界史的角度看，纸的出现，可谓解放人心！这振聋发聩的说法，让人不能不对平日夷然不屑的纸肃然起敬。纸虽然只是一种书写的媒介，但若没有它，文化的传承必然大打折扣，更何谈大规模的传播和普及？

东汉元兴元年（105），蔡伦把他造出的纸献给皇帝，获得认可，风

1　欧清煜、陈日荣：《中华砚学通鉴·砚学刍议（代序）》，杭州：浙江大学出版社2010年版，第1页。

宣德款仿龙泉釉镇纸反衬出与之配套的纸之金贵与唯美

行天下。因此，纸也就被天下人称为“蔡伦纸”或“蔡侯纸”。

中国名纸非常之多，笔者曾在四川深山当中考察过一处非物质文化遗产造纸之处，那是夹江用竹来造纸的独特工艺。在古代的蜀地，大名鼎鼎的“蜀笺”，就有其独特的审美趣味。其实，蜀笺的制作工序极为复杂，但人们更看重的是纸张后期的颜色晕染、纹理压制和图案绘制。这种“繁缛可爱”的笺纸，对制作环境和工艺的要求极高，“虚窗幽室，明盘净水”就是指场所而言的，须得洁净、清幽、纤尘不染之所；而“澄神虑”则对工匠提出了更高的要求——他们必须排除尘俗杂念、凝神静思，既顺从色彩在纸张上面发散、晕染产生的自然纹样和色块，又施以巧妙的构思和刻绘，这样才能巧夺天工，造出精致明丽而又不露人工雕琢痕迹的笺纸，可见，造纸也是要用“心”的。

在蜀笺风靡的同时，大尺幅的精制纸也流行起来，为才气纵横、不可局促于方寸之间的大情怀、大境界提供了施展拳脚的空间——这就是“宣纸”了。韩愈《毛颖传》里就说毛颖是宣州人士，宣纸可以算作

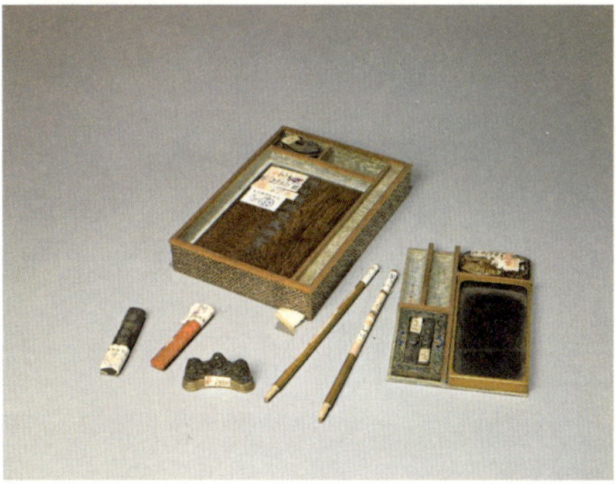

“珐琅笔山”体现出一种中国文房用具的整体之美

毛颖的同乡，这就是“宣纸”得名的由来。据说在唐代，许多附庸风雅的人家，经常储备上百张宣纸，用蜡浸染，使之透亮，以便于摹写书画作品。

这说明，宣纸在唐代已经非常盛行，成为书画创作、临摹所选用的首要用纸。书画临摹和复制，既有利于后人师法古人，学习书法和绘画的技巧，又能够保存更多书画珍品的复件。在书画复制和印刷技术出现以前，临摹的流行，对于那些珍贵书画在民间的普及、流传来说，乃是唯一的渠道。

“文房之美”的传统，从古至今，生生不息。那些炫人耳目、数不胜数的文房用具，有的至今仍活跃在收藏家和文雅人士的案头、掌中，它们能给当代人的生活增添什么样的美感和艺术气息，仍取决于中国人自身的品鉴力和欣赏力，这是个“活的”生活美学之传统。

人格之美

中国是个“礼乐之邦”，追求“礼乐文明”，这是一以贯之、延续至今的伟大传统。

孔门儒学的礼与乐，都是发自“情”的。孔子的“仁”本身，就是浸渍情感性的，这是孔子独特的人性论使然。

所谓“情感动于衷而形著于外，斯则礼乐仪文之所从出，而为其内容本质者。儒家极重礼乐仪文，盖谓其能从外而内，以诱发涵养乎情感者。必情感敦厚深醇，有抒发，有节蓄，喜怒哀乐不失中和，而后人生意味绵永乃自然稳定”[1]，真可谓“情深而文明”！

“情深而文明”这句话，本出自《礼记·乐记》:“情深而文明，气盛而化神，和顺积中而英华发外，唯乐不可以为伪。”《礼记》本意是说“情”发于极深的生命根源，当它勃发出来使生命充实就会“气盛而化神”，从而流溢出“乐”的节奏形式。

当这句话再度现身在《史记·乐书》中，则转化为“是故情深而文明，正义德为性本，故曰情深也”，它的基本内涵就指向了人文化的实践，所谓“乐为德华，故云文明”是也。

只有“情深”方可“文明”，“情”的实施，乃是儒家之美善得以形成的内在动因，由此才能进行“成人”的文明化的践行。原来，儒家的“生活美学”就是以“情”为本的！

孔子的一生，都在行之于“礼”、践之以“仁”，同时也在不断地

1　梁漱溟：《儒佛异同论》，《中国文化与中国哲学》，北京：东方出版社 1986 年版，第 441 页。

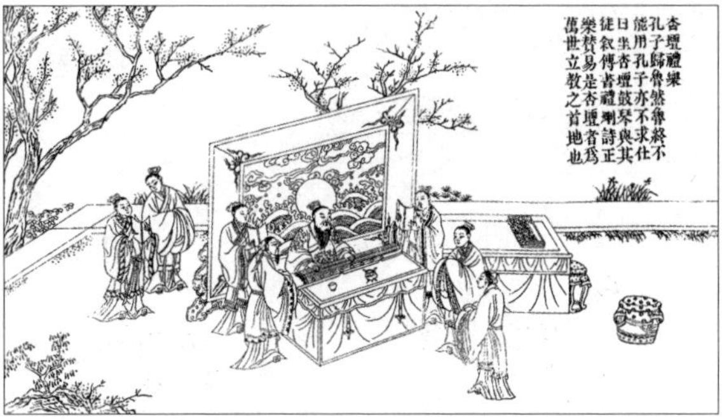

《杏坛礼乐》的绘制遵循了儒家礼乐合一的原则

习乐与演乐。那么，“乐”的功能何在呢？“乐”如何与礼相配？

乐的基本功能，在于“情”，乐发乎情，又陶养情。所谓“夫乐者，乐也，人情之所不能免也”是说乐关乎情，无情则无乐，有情必有乐。在汉语里面，乐既是音乐之“乐”，又是愉悦之“乐”，二者在古人所撰的《乐记》里，就被通用与贯通起来。

乐也是“情”的外化形式，“情动”发而为音：“凡音者，生人心者也，情动于中，故形于声；声成文，谓之音。”这便是中国人独特的“主情”的音乐起源论，人心生音，情动而发，声而成文，音乐遂成。乐音的初起，皆因人心感物而动，感而遂通，故而成声。

更有趣的是，“声——音——乐”，在中国传统乐论中，早已被界分分明：“哀乐之情，发见于言语之声，于时虽言哀乐之事，未有宫商之调，惟是声耳。……次序清浊，节奏高下，使五声为曲，似五色成文，即是为音。此音被诸旋管，乃名为乐。”[1]

1　陈澔注：《礼记集说》，北京：中国书店1994年版，第318页。

《孔子圣迹图》的“在齐闻韶”呈现出来的就是“礼乐相济”的一种具体情境

无论怎样说，“情”才是真正的感动者，才是直接的感动者，无论是“情发于声”所指的“情”要被动地以声传达出来，还是“情形于声”所指出的“情”要主动地显现于声当中，最终都是说要“使情成声”，进而化作音，再配上乐，从而成为音乐，但这种“乐”其实仍是诗乐舞合一的。

从历史上看，礼与音乐合体的传统，并没有坚持多久。孔子所倡导的原始儒家的“礼乐相济”的理想，随着“乐”的衰微与“礼”的孱弱，在后代得到了转化。

这种转化就在于，从礼与作为“音乐”的乐的统一，转到了礼与作为“愉悦”的乐的合一，也就是“礼”与“情”的合一。礼乐相配的“乐”，终将被“情”所取代，这既有历史的原因——“乐”逐步被取代抑或泛化，也有思想上的依据——“乐”背后的深度心理乃为情：“乐”足以陶冶性情，而“乐”对于人而言的内在规定，就在于“性感于物而生情”之“情”。

马远《孔子像》描绘了具有生活大智慧的孔子“文质彬彬”之君子形象

质言之，“礼乐相济”的远古传统，到后来被转化为“情礼合一”的孔门儒学主流。

礼，乃是孔子“外在”所行的；仁，那是孔子“内在”所养的，孔子恰恰是“释礼”以“归仁”。即使祭祀于庙堂之高，那也是外在地“施礼”，即使是隆隆乐舞如此之盛，那也是外在地“做乐”，而非内在地“履仁”，孔子将自己门派的开端，定位在“仁”的情理合一之基石上。在孔门儒学看来，关键是让人成为人的那种人文化成之“仁”的提升。

儒家在此思想根基之上，倡导文质彬彬的“君子之美”，为数千年来的人物品藻提供了一个醇厚、雅正的典范和标准。

直到今天，“君子”依然是我们日常生活、社会交际中使用频率极高的一个概念，诸如“谦谦君子”“君子成人之美”“先小人后君子”“以小人之心度君子之腹”等妇孺皆知的话，时常左右着我们对他人的评价和判断。这是几千年来绵延不绝的中国人格理想之显现。

在儒家亚圣孟子那里，“君子之美”是从“气”与“体”的角度出发的。

孟子相信，人的体内充盈、激荡着意志和情感的力量，外在的容貌、言语、动静举止等是内在意志和情感的最佳表征，正所谓“有诸内必形诸外”（《孟子 · 告子下》）。他举例子说：“存乎人者，莫良于眸子。眸子不能掩其恶。胸中正，则眸子了焉；胸中不正，则眸子眊焉。听其言也，观其眸子，人焉廋哉？”（《孟子 · 离娄上》）

孟子认为，观察一个人品性的善恶，最好的方式就是看他的眼睛。眼睛最能呈现一个人的品质，心气坦荡中正，眼睛就明亮；反之就昏暗无光。在某人夸夸其谈的时候，去看他的眼神，是了解其内心最好的方式——俗语说，“眼睛是心灵的窗户”，孟子在两千多年前就洞察到了这一朴素的真理。

那么“气”，也就是人的情感、思虑和意志，是如何通过身体、言语、动作表现出来的呢？孟子认定，气乃是身体与意识的“中间者”，其实这世上没有无意识的身体，也没有无身体的意识。所以学者杨儒宾认为，“身体一活动，就有气的流行，也就有潜藏的意识作用。意识一活动，也就有气的流行，也就有潜藏的身体作用。”这就是“体”与“气”的一体两面，由此“践形”与“养气”就成了孟子“尽心”功夫的导出项，在儒家“功夫论”当中身体也扮演了重要的角色。

孟子说：“君子所性，仁义礼智根于心。其生色也，睟然见于面，盎于背，施于四体，四体不言而喻。”（《孟子 · 尽心上》）据朱熹的解释，“睟然”是说人的面目、表情“清和润泽”；“盎”是说人的身体“丰厚盈溢”——君子因为内心有仁、义、礼、智等“善”的道德本性，因此他的表情、神色就是温润、平和的，他身体和一动一静也会宽厚、正直而又有威仪。我们常说“不言而喻”，就是不必枉费唇舌，人的动静举止就能呈现出他的本性。

虽然孟子举出的例子是“君子”，但在他心中，“君子”显然不是孔子所勾画出的那种文质彬彬、谦退有节的儒雅形象了，而是“富贵不能淫，贫贱不能移，威武不能屈”，周身上下洋溢着一种刚毅、果敢、英气逼人的阳刚之美。孟子有一句描述理想中的人物之美的话：“充实之谓美，充实而有光辉之谓大，大而化之之谓圣，圣而不可知之之谓神。”（《孟子 · 尽心下》）

在孟子这里，“美”从纯粹的声色愉悦，变成了一种道德感染力。只有仁、义、礼、智等“善”的道德本性——“气”充盈漫溢的人，才能称得上“美”；有了这种美的素质，并将其发扬光大，表现在日常生活和事业上，就是“大”；“大而化之”，就是依靠这道德力量在潜移默化之间感染他人、教化民众，这样的境界，就只有“圣人”能达到；至于“神”，那就是超越具体的言行、事业、人格的与天同德、与道偕行的神妙境界了——这自然是凡人绝难企及的，就连“圣人”这一境界，后来人都说这是“非人力之所能为矣”，更何况“神人”？（《孟子 · 尽心下》）

不过孟子自信，既然“美”“大”“圣”“神”的人格之美的关键，在于“气”是否充盈漫溢，那只要善于“养气”，就能让“体”变得美、变得大，甚至超凡入圣，进入最高的境界。这就是他那气势磅礴的“浩然之气”的学说：“其为气也，至大至刚，以直养则无害，则塞于天地之间。其为气也，配义与道；无是，馁也。是集义所生者，非义袭而取之也。行有不慊于心，馁也……”（《孟子 · 公孙丑上》）

孟子所倡导的“浩然之气”是一种至大至刚、富于冲击和感染力量的精神品格，它充塞于天地四方，无远弗届——这就更令凡夫俗子气馁了：如此伟大、高妙的气，又如何养得？

孟子却说，要养这“浩然之气”也不难，关键在于坚持。坚持在日常生活和社会活动中遵循道德和正义的要求，在点滴小事的积累中，慢慢将这外在的道德律令和正义规范内化为人的精神品质，这样就能一往无前，所向披靡了！

然而，儒家所谓的“君子”或“圣人”不被道家所认可，道家更重“形神”之辩。庄子把世俗社会所认可的价值、快乐置于虚无之地，在他看来，“圣人”或“君子”本身可能不坏，但都免不了被人利用，只是权势者的工具，而不是目的。日常生活中的感官愉悦、声色之美，不过是短暂的、飘瞥难留的，它们来的时候固然可以给人带来快乐，而离开之后，人又会陷入悲伤，如此说来，这种愉悦和美感体验，又怎么是真实的、永恒的呢？有了这种透彻的体悟，庄子既不愿成为君子，当然也不会沦为贪财好色的势利小人，他在世俗世界之外，开辟了一方纯粹的、摆脱名利和欲望束缚的绝对自由的精神空间。

所谓“藐姑射之山，有神人居焉，肌肤若冰雪，绰约若处子，不食五谷，吸风饮露；乘云气，御飞龙，而游乎四海之外。其神凝使物不疵疠而年谷熟……”（《庄子·逍遥游》）这样的柔美、细腻、冰清玉洁的容貌和体态，就像屈原、宋玉的辞赋里所刻画的那样，体现的是南方楚地的人物审美标准。不过，与屈原、宋玉笔下的美人不同，庄子眼中的美人，不是人间烟火所滋养出来的，他吸风饮露，遥居世外，可以意想而不可近观亵玩——这样超世绝俗的美是如何形成的呢？且看这段话的最后一句：“其神凝使物不疵疠而年谷熟”，也就是说，他的精神凝聚，能使物远离灾难和侵害，能使五谷丰登！不管你是否相信，庄子总归是相信“神”（也就是精神的力量）的。

在庄子那里，“形”与“神”的完美结合，成了他评价人物的最高标准。“形”是人的形体和形象，“神”则是人的精神和观念、思想。在庄子看来，人的形和神都来自道，形是神的载体，是神的寓所；神则是形的主宰，是形的归宿。

因此，按照庄子的思路，只有形神合一、神存乎形、形顺乎神，才能拥有像姑射山上的神人那样至美的容貌、体态和不为时空、祸福所局限的自由。庄子说：“达生之情者，不务生之所无以为；达命之情者，不务命之所无奈何。养形必先之以物，物有余而形不养者有之矣；有生

刘贯道《梦蝶图》所绘梦中庄周一派放浪形骸的“神游”风度

必先无离形，形不离而生亡者有之矣。生之来不能却，其去不能止。悲夫！世之人以为养形足以存生，而养形果不足以存生，则世奚足为哉！虽不足为而不可不为者，其为不免矣！”（《庄子·达生》）

这是说，洞达生命之本真道理的人，不会去追求生命以外的无用之物；彻悟命运之真相的人，也不会去勉强追求命运无可奈何的事情。我们就看看这芸芸众生吧！人人皆知保养生命必须有物质基础，可是有多少物质充裕的人，形体却怎么也保养不好；生命和精神必然要依赖于形体，可是我们也经常见到那些形体完好的人，陡然死掉！这样说来，生命竟是来去无常！所以那些单纯以为保养形体就能养护生命的人，以及那些明知命运无法抗拒而又拼命挣扎的人，最终都不免竹篮打水一场空，这是多么可悲可叹的事情！

庄子在污浊不堪的现实世界之外，建立了一个可以精骛八极、心游万仞的“理想国”。在这个自由王国里，人的形体构成也仅成了生命存在的物质基础，形体之妍媸美丑，并不取决于其给人的感官印象，所以在庄子的寓言中，有许多形体残缺，却在精神上自足、自由的人。

干脆说，精神上的自足和自由，才是“美”的决定性因素。他说，真正的“圣人”通达人情物理、顺应自然，耳目愉悦不足以动其心，而只能作为他感知自然之道的外在凭借，这是一种绝对的、超越了世俗功利的生活观念和人生态度。从现代美学观念上来说，它是与欲望绝缘的、超功利的，因此经常被视为中国真正的艺术精神的源头。[1]

孟子的“体气”论和庄子的“形神”论，虽然旨趣不同、境界追求各异，但是他们不约而同地把人物品鉴从外在感官之美的欣赏引领到内在情感、意志和精神之美的洞察上来，并且认为，只有具有“浩然之气”的人才会有体貌的“美”与“大”，只有精神契合“道妙”的人才会“形全”，这就进一步突出了精神、意志、情感和道德修养的重要性。

在绝对人格美的建构上，儒家以积极进取的“圣人”“君子”“贤人”为极致，道家则以清静无为的“至人”“真人”“神人”为极致，表现出不同的风貌。他们都注重主体对宇宙创化的参赞，而宇宙的“生生”本身就洋溢着诗意的孳化和审美的情调。由于统一体内的差异，华夏儒道传统逐渐从对立的自觉转向互相补充，从而形成了古典美学的基本构架。

这就为中国人的日常生活、世俗人生增添了更多高贵的气质和超脱凡俗的色彩，而二者恰恰是“儒道互补”的，从而构成了后世文人“人格之美”的原型！

在中国，所谓的“儒道相生”，就是指在互补的对立性中，儒道审

1　参见徐复观：《中国艺术精神》，桂林：广西师范大学出版社 2007 年版，第 103 页。

美精神同一性的自觉实现及其结合。这种相生模式，形成了中国古代审美精神发展的逻辑动力，并贯穿于整个古典美学的发展历程之中。而且，儒道的审美精神在华夏文化内部的同源基始上“同体相生”，从而制衡发展、双向建构，并整合了受到外来佛学影响的佛禅美学。

“人生茫昧”，乃是道家生活哲学的思考起点，由此道家走向了对于生存本体的追思。

庄子追问道：“人之生也，固若是芒乎？其我独芒，而人亦有不芒者乎？”（《庄子 · 齐物论》）人生啊，就是这样莫名其妙而茫茫然吗？难道只有我自己茫然，抑或已有人真正找到了生命的本来，他并不茫然？这显然既是庄子对自我的发问，也是向其他人提出的人生终极问题。

实际上，这是一种存在主义式的哲思追问，在《齐物论》中，庄子思考到了人生的本质难题，特别是关于“死”的问题。存在主义大师海德格尔就认定人本是“向死而生”的，所以人生在世就是被“抛”在这个世上，每个人都难逃死亡的问题，或者说，死亡对于每个人皆在“悬临”着。这就与儒家“未知生焉知死”的态度完全不同。儒家常常视生高于死，除非舍生取义，而道家则持一种生死齐一的姿态，儒家看似乐观，但没有道家达观，因为道家自有一套独特的“死亡美学”原则，但又超越了生死。

在做出“人生茫昧”的总结之前，庄子总共发出了三次感喟——感叹人生之“悲”、人生之“哀”、人生之“大哀”。庄子认为，“一受其成形，不亡以待尽”，人一旦秉承天地之气而形成了形骸，就无法忘记自身而等待最后的死亡。在这一过程中，人“与物相刃相靡”。也就是说，人与外物形成了或逆生或顺势的关联，但皆要“行尽如驰”，就像驰骋一般走向死亡，没有什么可以使之停止下来，这难道不是人生之“悲”吗？

然而，人生不仅是“悲”的，还是可“哀”的，可悲是人必将死，

“大道”化美的庄子乃是道家“生活美学”最具标志性的人物

可哀则是不知所归。庄子说，“终身役役，而不见其成功，苶然疲役，而不知其所归”，人一辈子都在身受役使，却不见成功所在，为生命所奴役而疲劳至极以后，却不知道人生的归宿在哪里，这难道不是人生之“哀”吗？

所“悲”的是死，所“哀”乃为生，那人生还有“大哀”吗？这种大哀，对于庄子来说，居然是说那种不死之人。一般的道教信徒往往都寻求“长生不死”，但庄子从根本上置疑了这一点：人如若不死，那又有何益处呢？人的形骸随着自然而化，逐渐走向衰竭，人的心也是如此，必然走向衰竭，这难道不是人生的“最大悲哀”吗？

面对世事的纷扰，为了追求“精神四达并流”，庄子极富洞见地区分出人世间的五种“人格形态”：

第一种人是“慷慨愤激之士”，他们的人格特征是“刻意尚行，离世异俗，高论怨诽”。

这些人士刻意去磨炼意志，以使自身的行为得以高尚，他们脱离了现实，与世俗迥异，他们喜发高论而怨叹自己怀才不遇！然而，他们不过就是标榜清高的“无为之士”罢了。在庄子看来，即使他们身处山林而自称“异士”，不过仍是为了沽名钓誉而已，他们往往是为那些“看破红尘”或“以身殉志”的人所仰慕的。

第二种人是“游学教化之士”，他们的人格特征是“语仁义忠信，恭俭推让，为修而已矣”。

这些人士的习性就是施行仁爱与节义，宣扬忠诚与信实，提倡恭敬与俭朴，并以推与和辞让为美德。然而，这些不过是修身的行为而已，他们作为“清平治世之士”，大都是勤于修持心性并教诲化人的学士，儒家的“贤人”正属此列，他们大都是“游居学者”所爱慕的。

第三种人是“功名政术之士”，他们的人格特征是“语大功，立大名，礼君臣，正上下”。

这些人志在建大功立大业，博得大声大名，尽守君臣等级礼仪，匡正上下尊卑名分。所以，他们往往成了“朝廷之士”，忠君爱国而力求强大社稷，但不过仍是治理国家的器具罢了，这恰恰是那些致力于功业而要开拓疆土的人们所欣羡的。

第四种人是“江海避世之士”，他们的人格特征是“就薮泽，处闲旷，钓鱼闲处”。

这些人所推崇的是另一种生活方式，他们喜欢到有草原水泽的山水田园之间，居住在荒旷无人烟的闲居处所，闲时钓鱼以闲处。但在庄子看来，这不过只是无为“自在”罢了，这些奇士往往被“江海之士”“避世之人”与“闲暇者”所歆慕。

第五种人是“导引养形之士”，他们的人格特征是“吹呴呼吸，吐故纳新，熊经鸟申，为寿而已矣”。

这些人都精于术道，勤于修炼，唏嘘呼吸，吐浊纳清，但就像熊倒挂在树上、鸟伸足在空中一样，不过是追求长命百岁罢了。这些所谓道引练气之士，也不过是善于保身护形的人而已，但被那些养护身体的人所喜爱，这恰恰可以视为对后世道家术士“重形不重心”的某种讽刺。

在庄子深邃的眼光里面，慷慨愤激之士、游学教化之士、功名政术之士、江海避世之士、导引养形之士皆不足取，因为他们的人格境界都没有达到极境，庄子唯一满意的极境便是审美之境——所谓“澹然无极而众美从之”是也！

庄子如此归纳道：“若夫不刻意而高，无仁义而修，无功名而治，无江海而闲，不道引而寿，无不忘也，无不有也，澹然无极而众美从之；此天地之道，圣人之德也。”“故曰：夫恬淡寂漠，虚无无为，此天地之本而道德之质也。”（《庄子 · 刻意》）

针对上述五种人格典范，庄子肯定这五种人格的“自然而然”。慷慨愤激之士如果不刻意磨砺心志而行为自然高尚，游学教化之士如果不称说仁义而自然有修养，功名政术之士如果不寻求建功立名而天下自然治理，江海避世之士如果不需避居江湖而心境自然闲散，导引养形之士如果不导引炼气而自然寿延长久，这样才能高蹈于圣人之境。

达到了“澹然无极而众美从之”的极境，攀升到了“恬淡寂漠，虚无无为”的极境，方能“无不忘也，无不有也”，才能忘记一切，却又拥有所有。由此，从外部顺遂“天地之道”，所谓“道兼于天”是也；从内部顺应“圣人之德”，所谓“德兼于道”是也，最终都是“道通为一”的。

由这种审美境界反观“生死之美”，庄子就看到了“圣人之生也天行，其死也物化。静而与阴同德，动而与阳同波”（《庄子 · 刻意》），不仅生死皆为“天行”而“物化”为一，人们做到“生死一如”；而且生死都符合阴阳动静的宇宙节奏，“堕而形体，吐尔聪明，伦与物忘”（《庄子 · 在宥》），从而臻至“大同乎涬溟”的境地。

这便是道家的“道化之美”，“大道”化“大美”！

再说回到儒家，讲讲儒家们生兹念兹的——“曾点气象”，这是儒家“生活美学”的一个生动侧面。

宋儒朱熹尽管一心向往存天理而灭人欲，但在为另一位老前辈濂溪（周敦颐，号濂溪）先生勾勒人品素描的时候，却叹其曰："风月无边，庭草交翠"（《六先生画像·濂溪先生》）。朱老夫子在赞美儒学同道的时候，竟如此诗意盎然。程颢也说周敦颐"吟风弄月而归"！这背景就是《论语》中所记曾点之志："暮春者，春服既成，冠者五六人，童子六七人，浴乎沂，风乎舞雩，咏而归"（《论语·先进》）。大多数的宋明理学家仍以儒目儒心来言说此，来赞美儒学同道与同人。

然而，能否体悟到"曾点之志"，还取决于接受者的境界所达到的程度。陆九渊在《与侄孙睿书》中就体悟道："二程见茂叔（周敦颐，字茂叔）后，吟风弄月而归，有'吾与点也'之意，后来明道此意却存，伊川已失此意"（《陆九渊集》）。

两个兄弟，两个弟子，程颢与程颐，他们的感受竟是不同的，境界也是有差别的。这是由于每个人的道德之境是分层次的，所以他们所能感受到的境界亦是有落差的。程颢恰恰感受到了曾点与孔子相通之处，然而，程颐却没有达到这个境界。还有相反的一种情况，那就是对曾点之志过度阐释。

从理学家那里开始，曾点就被赋予了某种气象，而此前，则没有人将曾点如此地推上神坛。说儒生有了气象，似乎就说他近于圣人了。所以呢，观圣贤气象乃为宋明理学家所喜言。

所谓圣人气象，是由圣人人格生发出来的。在宋明理学那里，先有功夫而后方有乐处，由此自然形成了圣人的气度与格局、态势与风度。所谓"孔子与点，盖与圣人之志同，便是尧舜气象也"（《论语集注》）！

朱熹就这样，以"谁知乾坤造化心"之胸怀，直接将曾点圣化了："曾点之学，盖有以见夫人欲尽处，天理流行，随处充满，无少欠阙。故其动静之际，从容如此，而其言志，则又不过即其所居之位，乐其日用之常，初无舍己为人之意。而其胸次悠然，直与天地万物上下同流，各得其所之妙，隐然自见于言外"（《论语集注》）。这种说法让人惊讶！

孔子、颜子、曾子《三圣图》描绘的正是儒家的内在传承，审美传承也是其中必有要义

毫无疑问，这就将曾点气象推向了理学的至上高峰，也毋庸置疑，这巅峰也就是理学家生命理想的穷究之处。所以说，朱熹所求的仁之全体正是此境，须识得此处才能会其本来生意。

在天理流行、随处充满的场景里面，曾点之身中与心内，都充满了美、大、圣、神的光辉！曾点的内在道德辉光被放射了出来，与天地相往来，这不就是朱熹赞美周敦颐的风月无边吗？周敦颐所吟之风与所弄之月，都因这般天地境界而无边无际了。正如明代儒生陈献章所描述的那样："无内外，无终始，无一处不到，无一息不运。会此则天地我立，万化我出，而宇宙在我矣"！（《陈献章集》）

北宋儒生邵雍所谓“不出户庭，直际天地”(《伊川击壤集》)，所以，这才叫“风月无边”！

然而，无边并不是无极，而是在无边与有边之间形成了有无相生的关联。这也就是江右学派儒生罗洪所说的“无内在可指，无动静可分”之极境，也就是“所谓无在而无不在”(《念庵罗先生集》)。致力于弘扬心学的南宋儒生杨简说得更为明显：“天地有象、有形、有际畔，乃在某无际畔之中”(《慈湖先生遗书》)，此言说到了点上。

这些崇理而非崇礼的理学家们，将孔子及曾点的形象推到了神圣的地位之上。以朱熹为代表，他们把曾点之志过度道德化了，而程颐则没有把握到风月而归的审美化意味，只有在程颢那里，美与善之间才是水乳交融、绝无隔阂的。

这种活泼泼的意味，在后代儒生那里，透过理学对孟学的阐发，特别到了明朝就被体会为舞雩趣味。正如陈献章所说的那样：“舞雩三三两两，正在勿忘勿助之间。曾点那些儿活计，被孟子一口打并出来，便都是鸢飞鱼跃”(《陈献章集》)。

但历史的实情，究竟是怎样的呢？法国汉学家葛兰言的考证，让实情变得更加明确也更加狭窄了。在他的还原中，既没有歌先王之歌的内容，也没有如龙般出水的形式。舞雩咏归的唯一目的即乞雨（而非布道），仪式的主要部分乃过河（而非沐浴）：“春天的季节（尽管时间有所变化，但无论如何也在春服做完之时）为了乞雨而在河岸进行祭礼。祭礼由两组表演者参加，进行舞蹈和歌唱，然后以牺牲和飨宴而告终。仪式的主要部分是渡河。”[1]

尽管，我们无法真正还原历史的活动现场，其实也没有任何人能做到（从王充到我们都是不同时代的“还原者”），但无论根据祓除还是

1　【法】葛兰言：《中国古代的祭礼与歌谣》，张铭远译，上海：上海文艺出版社1988年版，第150页。

孔子讲学场景里一般凸显的是夫子作为“至圣先师”的生活形象

雩祭的记载，曾点志在于进行关乎礼的崇高化的活动，这似乎基本上还是可以肯定的。我们而今体会，孔子在《论语·先进》中所说的“咏而归”倒更像是“咏而馈”，不是唱着歌而归返，而是返回后喝酒吃肉。这可是个大差异，咏而归重在描摹心境，咏而馈重在实用满足。

从归到馈，理由何在？一方面，据《释文》解，“而归，郑本作馈，馈酒食也”，馈应为进食之意；另一方面，国学大师王国维也考证《论语·阳货》曰：“归孔子豚，郑本作‘馈’，鲁读‘馈’为‘归’，今从古。”[1]大概是，鲁国的方言读法，使得后人将馈当成归了。

由此而论，如果当归讲，那么曾点所描述的就是一场愉悦经验自始至终的完成过程，所谓乘兴而来、尽兴而归也。如果当馈来说，那

1　王国维：《书〈论语·郑氏注〉残卷后》，《观堂集林》第 1 册卷四，北京：中华书局 1959 年版。

么，曾点活动的着眼点恐怕就落在祭礼之上。

在舞雩咏归之后，随着历史的流逝，祭的内涵虽未被积沉下来，但是礼的外壳存留了下来。现在看来，这可能更符合古本《论语》的原意。用更简单的话来说吧，曾点由于明古礼而被孔子所赞赏，而其他三位则因无志于礼而不被认可，这才是“吾与点也”的真义也！

所以说，孔子赞美曾点是习礼之人而非游乐之徒。孔子对曾点这种内心深处的认同，其核心就在于祭礼之礼，而非单纯的审美，中国人的审美从来不是为审美而审美那样的纯粹。质言之，在孔子的看来，曾点所向往的乃是崇礼之美，美附庸于礼而并不独立于礼，这是一种危乎高哉的人格魅力，儒家自孔子那里伊始，始终在切实走一条“生活美学”之路。

这种“生活美学”之路，就是中国人所走的人之“道”与美之“道”！

结语

走向文明中国的“生活美学”

从古至今，人们不断追寻美的真谛、美的生活。在传统文化中滋养生长的中国美学，早已融入中国人的生活方式，这就让“生活美学”得以出场。

“生活美学”的提出，是 20 世纪中国美学发展的必然结果：20 世纪的中国美学，从对西方超功利美学的引进开始，到美学大讨论中对人的实践的讨论，再到生活美学的兴起，这一美学史的发展表明美学在不断向具体的、活着的、小写的人落实和生成。

进入 21 世纪的今天，美学与文明生活之间的关联始终不变，仍在于美学是衡量社会发展的高级尺度与标杆，审美也是衡量我们日常生活质量的中心标志。“让世界更美好”，成为当代美学家内在的吁求。然而，当美学家们都承认美学拥有改变世界的能量的时候，他们的潜台词几乎皆在说：并不是所有的生活都可以使世界变得更加美好，“审美化的生活”才能成为改变世界的高级标尺。

生活美学就是一种关乎“审美生活”的存在之学，也是追问“美好生活”的幸福之学。几乎每个人都在追寻美好的生活。“美好”的生活起码应包括两个维度，一个就是“好的生活”，另一个则是“美的生活”。好的生活是美的生活的基础，美的生活则是好的生活的升华。好的生活无疑就是有“质量”的生活，衣、食、住、行、用各个方面都需要达到一定水平，才能满足民众的物质需求；而美的生活则有更高的标准，因为它是有“品质”的生活，民众在这种生活方式当中要获得更多的身心愉悦。无论是有质量的还是有品质的生活，终将指向“幸福”的生活。

众所周知，每个人都要“生”、皆在“活”，但只有生得“美”、活得“乐”，才会进入生活美学之境。在汉语当中，生与活原本是分开的：“生”原初指出生、生命以及生生不息，终极则指生命力，但根基仍是“生存”；“活”则指生命的状态，原意为活泼泼的，最终指向了有趣味、有境界的“存在”。白天劳作、夜晚睡眠、呼吸空气、沐浴阳光、承受雨露、享有食物和分享环境，这些都是人们要过的日子。然而，人们不仅要活着，而且要追求“存在感”。审美地存在就成为我们生活的理想。

从古至今，中国人皆善于从生活的各个层面去发现“生活之美”，享受“生活之乐”。中国人的一种生活智慧，就在于将过日子过成“审美生活”。这个传统不仅源远流长而且延续至今。此种原生态的生活美学传统，形成了中国人独有的一种“忧乐圆融”的生活艺术：从诗情画意到文人之美，从笔砚纸墨到文房之美，从琴棋书画到赏玩之美，从诗词歌赋到文学之美，从茶艺花道到居家之美，从人物品藻到鉴人之美，从雅集之乐到交游之美，从造景天然到园圃之美，从归隐山林到闲游之美，从民俗节庆到民间艺术之美，都属于中国传统生活美学的拓展疆域。

中国人对生活之美的追寻为世界其他民族所难以企及，以至于蔡元培曾提出以“美育代宗教”的著名论断。世界上只有蔡元培在中国将美育提升到如此“文明高度”：美育是自由的、进步的与普及的，由此决定了美育可以积极地推动社会文明进程。在蔡元培看来，宗教以其“强制的”“保守的”与“有界的”特质，难以实现社会启蒙的功能。实际上，由于儒家文明基本结构的影响，“人文化成”的审美教育占据了中国社会的文明发展主导。

回归儒家传统，儒家的“六艺之教”就是源于“生活”而带有“美质”的全面教育。蔡元培曾极有洞见地认为，“吾国古代教育，用礼、乐、射、御、书、数之六艺。乐为纯粹美育；书以记实，亦尚美观，射御在技术之熟练，而亦态度之娴雅；礼之本义在守规则，而其作用又在远鄙俗；盖自数之外，无不含有美育成分者”。这意味着，以儒家为主导的“六艺之教”里面，的确皆包含美育成分，哪怕是其中的“数”，其实也与审美间接相关。在“六艺”的完整谱系里面，大概只有“乐教”大致相当于西方的艺术教育，而其余各项教育其实都关乎生活经验本身，都是从生活出发并包孕美化的“人文化成”。

实际上，我们生活的价值可以分为三类。所谓“食色性也”，古人早已指明了人类的本化之性。当然，生理终要为情感所升华，否则人与动物无异，从生理到情感是从“性”到“情”的转化。按照梁漱溟的观点，生活就是相续，佛教唯识宗就把“有情”叫作相续。我们的生活首先具有“生理的价值”，这就形成了生理型的生活美学传统。这是关乎广义之“性”的，如饮食美学、饮茶美学等。饮茶在东方传统中成为不折不扣的生活艺术，所以才有从中国茶艺到东瀛日本的茶道。

在生理根基之上，生活还具有“情感的价值”，由此形成了情感之生活美学传统。所谓“礼做于情”或者“礼生于情”，中国原始儒家便已指明了“情的礼化”，这一方面是“化”情为礼，另一方面是礼的情“化”。从情感到文化，从儒家的视角看就是从情到礼的融化。这是广义之情，交往之审美乐趣就属此类，此外还有闲居美学、交游美学、雅集美学、人物品藻美学等等，这些在中国古典文化当中都被赋予了审美化的特质。

在情感基础之上，生活更具有“文化的价值”。所谓“人文化成”就是此意。文化作为一种生活，乃是群体性的生活方式。所以，中国文化型的生活美学，就是关乎广义之“文”的美学。在文化当中，艺术就成为其中精髓，中国传统的诗的美学、书的美学、画的美学、印的美学、琴的美学和曲的美学皆如此。但在古典中国，同样重要的还有园林苗圃美学、博弈等游艺美学、游山玩水美学和民俗节庆美学等，诸如此类，皆属其列。

简言之，从性、情到文，构成了我们中国人生活价值的三个基本维度，中国人的生活美学也涵盖了从“自然化”“情感化”再到“文化化”的全过程。中国化的生活美学，恰恰回答了这样的问题：我们为什么要美地“活”？我们如何能美地“生”？于是，我们从古至今就形成了自身的审美形而上学之独特传统，中国人就生活在现实化的“一个世界”当中，优游地感受到生活之美，并全身心参与生活之中。

岂止中国人？人类可以说是“审美的族类”，是“艺术的种族”，这使人与动物从根本上拉开了距离，能够审美地“活”与审美地“生”。人类学早已认定，“人之所以不是非人，那是由于他们已经创造出了艺术想象力，这种艺术想象力与语言和其他模式化形式的使用是紧密相关的，而且是随意表现出来的，例如音乐与舞蹈”。这意味着，“艺术化的生活”也是人类区分于动物的重要差异。动物不能创造艺术，也不能生成文化，马戏团的大象可以“绘画”，那是训练师进行生理训练的结果。至于动物能否审美，动物学家曾观测到大猩猩凝视日落的场景，当然这目前还没有得到科学上的扎实证明。

如今，既然审美已经成为衡量我们日常生活质量的标志，那么，在此意义上，审美也就可以成为一种“社会福利”，将日常生活中为民众所共享的文化艺术当作一种社会福利，这无疑是正确的选择。由此出发，还需要进一步进行更细化的分析：文化与艺术尽管都是社会福利，但不是一般的社会福利。比如说，公共艺术提供给大众的福利就不是一般的“文化福利”，更准确地说，应是“审美福利”。

实际上，“审美福利”就是由特定时期的社会成员所拥有的全部审美经验水平来构成的，社会上所提供的审美产品理应成为普遍福利得以实现的重要方面，因为它会直接影响到公众的生活品质的提升或降低。从这个新的角度来看，那些日常生活当中的审美产品能否作为一种“审美福利”，就要一方面取决于公众的“审美体验”的水平，另一方面取决于公共艺术品本身的“审美价值”。通过审美产品与公众之间的良性循环，才能由此逐渐累积成为当代社会的“审美财富”，从而能为广大的公众所共享与分享。这就是我们在今天建构“生活美学”所要达到的现实目标。

质言之，走向文明中国的“生活美学”，亟须返本而开新，复兴生活美学的“中国文明”！

后记

以情为本的“生活美育”

从一件小事说起，来谈生活美育。生活美育，其实是我的“生活美学”的落归之处。

2012年4月9日，我应邀在历史学家许倬云先生的“社会教育与自我教育”讲座上做个提问者及与谈人，在历年的“中国好书”评选中经常“遭遇”先生的通俗之作。由于要提前收集提问去准备，我在讲座开始的一周前就已把问题提给远在美国匹兹堡的许倬云先生，因其书里曾盛赞亚当·史密斯《道德情操论》之用“情”，所以我当时提出的问题与情有关。

我问许倬云先生：“蔡元培先生仙逝时曾留遗言：‘科学救国，美育救国’，在理性与感性的社会教育之间要达到平衡，然而，如今的中国社会教育却忽视了情感教育的维度，传统文化复兴当中也是推重‘礼’而忽视了‘乐’，许先生如何看待这种失衡现象？该如何调节当下国人的心态失衡？”

许倬云老先生在讲座答我问时，谈到他家里的一副对联：一天星斗文章，满眼江山图画！前句来自辛弃疾，后句他寻得古句以对之！许先生所著《中国文化的精神》第一章就是《时空中的生活美学》，这次讲座推崇的恰是“生活教育”，我也认可其“中国人的美育是可以补回来”的观点，其实“情感教育”才是我追问的落归处！

了解我的朋友都知道，除了在中国文联《美术》杂志借调工作过两年之外，我一直在中国社会科学院哲学所工作。我的老同事李泽厚先生今年已经九十又一，他所倡导的“实践美学”曾在中国风靡一时，强调了美来自人类的生产实践。

从二十年前开始，我提出“生活美学”也是为了与“实践美学”区分开来，但如今来看，从“实践美学”到“生活美学”乃是一脉相承的，因为它们都是所谓的“有人的美学”（第一个提出这个说法的是刘再复先生），也就是以人为本的美学，只不过“实践美学”执着于大写的人，而“生活美学”则聚焦于小写的人。

晚年李泽厚先生又提出了“情本体”的哲学构想，对这一建构我是非常赞同的，并试图接着李泽厚先生讲出一套“情本哲学”。当我把“生活美学”推展到“生活美育”的时候，我发现这种教育恰恰应是以“情”为本的，从而来应对当今中国人所面临的心理与心灵的困境。

于是，今天我提出“生活美育”乃是这世上最大的美育，因为它是面对全社会的“大美育”！

美指向了全面发展、人的“全面解放”，但曾几何时，美育所肩负的人类发展的责任被忽视了，而在这个全民追求美好生活的时代，美育的地位正在上升。

进入21世纪的今天，美育建设与中华文明发展之间的关联变得愈加重要，美育乃社会文明发展的不可或缺的重要推动因素，1919年蔡元培先生就明确表示：文化进步的国民，既要实施科学教育，也要普及美育。因为审美乃是一种标志着社会发展的“高级尺度”。审美既可以提升全民的素养，也是一种人人得以享有的基本人权，我就称之为“审美人权”：我们要保障更多的公民获得审美的权利！

过去的美育基本都是以“学校美育”为主体，尽管有“家庭美育”和“社会美育”的辅佐，但是美育仍未与民众的现实生活形成真正血脉的连通。如今全民的“生活美学”得以兴起，需要中国的美育实现转向：“生活美育”要求的就是人人都要成为“自己生活的艺术家”，而不是成为艺术家。

很多美育培养的目标从一开始就走偏了：因为不是所有接受美育的孩子都能成为或者都要成为艺术家，而是更多的人要让他们自己成为“生活的”艺术家。我们未来中国需要的是更多的会演奏小提琴的爱因斯坦和能欣赏禅宗艺术的乔布斯，这样具有高度审美素养的科学家和企业家才能以美妙的科技与商品来反哺整个社会：因为审美可以激发人类的想象力、创造力和表现力！

我们看到，当今美育发展有两个缺陷：第一个就是把美育置换为“技术教育”，美育被各种艺术考级所绑架，当一个孩子演奏了一千遍考试曲目，图绘了一万遍石膏像时，还有何美感可言呢？第二个就是把美育纳入“应试教育”，如果将美育纳入考试，我就不免有些担心，音乐与美术老师能承担起美育的重任吗？如果美育也被纳入分数考量当中，那么考核的标准到底是什么？显然这样的教育脱离了生活。

所以，我非常赞同大教育家杜威一句箴言，关于人类的教育功能，杜威说：“教育不是为生活做准备，而是生活的本身。”同理可证，美育不是生活的准备，美育就是生活本身！美育就是在生活当中，而不是在生活之外来实现的、来完成的，这世上没有比“生活美育”更大的美育了——唯有生活最大!

中国的“生活美育”有两个突破:一个突破在于,生活美育最终要形成人人的“自我教育”的提升,要教育公民通过审美实现自我教育:不是你教了,我学了,就结束了,美育要持续下去就要自我推动。人人都是美育的教师,与此同时,人人也都是美育的学生。“生活美育”的反面,就是园丁式的教育模式,“生活美育”要走向一种开放与对话的“平等式教育”。

与此同时,“生活美育”可以成为一种终生的教育。最理想的状态乃是,生活不终止,美育不停歇!从三岁到九十岁都要接受社会美育,美育要从娃娃抓起,最终介入临终关怀,所以美育应该成为毕生的教育。

另一个突破在于,“生活美育”不仅是艺术教育,而且是落归生活的教育,这是一种以审美文化为核心的“大美育”。当然,这并不否定艺术教育在“生活美育”当中已占据的核心地位,而是说:在当今审美泛化的时代,从影视媒体到互联网上的审美文化品都可以成为“美育”的重要工具;从手机上的绘画工具、电子乐器到舞蹈学习,都可为全面美育提供坚实的基础。

总之,生活美育不仅是对他人的教育,而且最终是自我教育;生活美育不只是短暂的学校教育,而且是终生的教育;生活美育不是囿于艺术的小美育,而是向文化开放的大美育。

我认为,所谓“美育”就是“育美”,就是“育人之美”。归根到底,美育的根本目的,还是为了民众更美好的生活。以“生活美育”来范导美好生活,那就会以“美生活”来提升“好生活”,以有品质的生活来提升有质量的生活。这才是百年前蔡元培先生“以美育代宗教”的真正落实！

这又让我想起蔡元培先生弥留之际的那句箴言——科学救国，美育救国！任重道远，路漫漫其修远兮，吾辈将上下而求索！

刘悦笛

2021年2月12日于斯文至乐堂

生活之美

产品经理 | 陈　曦　　　特约印制 | 刘世乐
监　　制 | 何　娜　　　技术编辑 | 朱君君
装帧设计 | 王　媚　　　出 品 人 | 王　誉

图书在版编目（CIP）数据

生活之美 / 刘悦笛著 . -- 合肥 : 安徽文艺出版社，2021.10

（名家美育课）

ISBN 978-7-5396-7190-1

Ⅰ . ①生… Ⅱ . ①刘… Ⅲ . ①生活 – 美学 – 青少年读物 Ⅳ . ① B834.3-49

中国版本图书馆 CIP 数据核字 (2021) 第 063520 号

SHENGHUO ZHI MEI

生活之美

刘悦笛　著

出 版 人：姚　巍　　策　　划：段晓静　宋潇婧

出版统筹：宋潇婧　王婧婧　　责任编辑：胡　莉　曾柱柱

装帧设计：王　媚

出版发行：时代出版传媒股份有限公司 www.press-mart.com

安徽文艺出版社 www.awpub.com

出　　版：合肥市翡翠路 1118 号　邮政编码：230071

营 销 部：(0551) 63533889

印　　制：天津市豪迈印务有限公司　电话：(022) 83989181

开本：710mm × 1000mm　1/16　印张：13　字数：174 千字

版次：2021 年 10 月第 1 版

印次：2021 年 10 月第 1 次印刷

定价：59.80 元